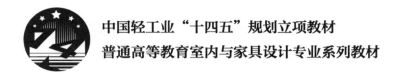

中国轻工业"十四五"规划立项教材

普通高等教育室内与家具设计专业系列教材

木家具制造工艺学课程设计指导手册

熊先青　主　编

邹媛媛
李荣荣　副主编

吴智慧　主　审

U0148444

中国轻工业出版社

图书在版编目（CIP）数据

木家具制造工艺学课程设计指导手册 / 熊先青主编 . —
北京：中国轻工业出版社，2024.2
ISBN 978-7-5184-4534-9

Ⅰ . ①木… Ⅱ . ①熊… Ⅲ . ①木家具—生产工艺—课
程设计—手册 Ⅳ . ① TS664.1-62

中国国家版本馆 CIP 数据核字（2023）第 167217 号

责任编辑：陈 萍

文字编辑：王 宁 责任终审：劳国强 整体设计：锋尚设计
策划编辑：陈 萍 责任校对：晋 洁 责任监印：张京华

出版发行：中国轻工业出版社（北京鲁谷东街5号，邮编：100040）
印 刷：三河市万龙印装有限公司
经 销：各地新华书店
版 次：2024年2月第1版第1次印刷
开 本：787×1092 1/16 印张：8
字 数：220千字
书 号：ISBN 978-7-5184-4534-9 定价：49.00元
邮购电话：010-85119873
发行电话：010-85119832 010-85119912
网 址：http://www.chlip.com.cn
Email：club@chlip.com.cn
如发现图书残缺请与我社邮购联系调换
230624J1X101ZBW

PREFACE

前言

　　中国家居产业历经改革开放40多年来的高速发展，已从传统手工业发展成为以机械自动化生产为主的现代化大规模产业。在行业整体发展的同时，企业的生产模式也在不断变化，企业间和区域间的差异也在扩大，家具业态呈现出多层次和多元化的特征。各类人员对家具制造的知识和理论需求也在不断变化，对生产过程中的新材料、新技术、新工艺的应用要求越来越高，因此，传统的家具制造理论在继承的同时需要不断创新。

　　中国家具专业先后经历了家具设计与制造、工业设计（家具设计方向）、室内与家具设计等专业名称的更换，已有近40年的历史，为中国家居行业输送了一大批专业人才。2018年，家具设计与工程专业获教育部批准，作为家具方向的老专业，有了正式的专业名称。在制定培养方案时，本着以经济社会发展需求为导向，特别是社会对家具专业人才的需求，结合"新工科"和"智能制造"调整优化人才培养结构，以本科专业类教学质量国家标准为依据，突出家具专业特色，提升教育服务经济社会发展能力。

　　教材是人才培养的重要组成部分。在家具专业方向领域内，先后出版了《木质家具制造学》《家具设计》等多部本科专业教材，但至今为止，国内还没有一本适合于专业教学、自学和培训的系统性家具工艺设计方面的正式教材，有的木家具工艺设计内容仅在《木家具制造工艺学》教材的章节中体现。然而，工艺设计是一项重要内容，它涉及产能计算、生产方式确定、工艺路线设计、设备选型、生产车间面积计算、设备布局、材料利用率计算、物料车间内运输等。合理的工艺设计能够帮助企业提高生产效率、减少浪费，同时还能起到保证产品质量的作用，更主要是对于企业未来发展有帮助。为此，南京林业大学自2022年起，从中国家居制造行业情况和教学要求出发，在吸收国内外最新工艺技术成果的基础上，通过立项国家林业和草原局高等教育"十四五"规划教材，积极重新编写家具制造类课程系列教材。

本教材是在"木家具制造工艺学"课程学习基础上的一次综合性训练，集专业性、知识性、技术性、实用性、科学性和系统性于一体，注重理论和实践相结合，突出家居数字化制造与技术，文理通达、内容丰富、图文并茂、深入浅出、切合实际、通俗易懂。同时，强调设计能力及解决工程问题的方法，突出实践应用与创新能力的培养，不仅能使学生熟练运用木家具的制造方法进行工艺过程设计，也可为家居企业进行木家具制造工艺设计时提供一定的借鉴和思考。本教材为国家线上线下混合一流课程"木家具制造工艺学"（2020140312）和江苏省高校在线开放课程"木家具制造工艺学"（苏教高函〔2019〕23号）的配套教材，得到了"十四五"国家重点研发计划项目"基于数字化协同的林木产品智能制造关键技术"（2023YFD2201500）和2022年度高等教育科学研究规划课题"基于'四维四融合'的家具制造类课程群建设与实践"（22NL0403）的支持。

本教材适合家具设计与工程、木材科学与工程、工业设计等相关专业或专业方向本、专科生和研究生的教学使用，同时也可供家具企业和设计公司的工程技术与管理人员参考。全书共七章，具体为：绪论、木家具工艺设计依据、工艺过程的制订、典型实木家具生产工艺设计、典型板式家具生产工艺设计、典型定制家具制造工艺设计、课程设计作业及企业生产线规划案例。

本教材由南京林业大学熊先青任主编，南京林业大学邹媛媛、李荣荣任副主编，南京林业大学凌彩珊、岳心怡参与资料收集与编写，由南京林业大学吴智慧审定。在编写过程中，笔者参考了《木家具制造工艺学（第3版）》等相关图书及文献资料，在此向相关作者及单位表示感谢。

熊先青

2023年7月

CONTENTS

目录

第 4 章　典型实木家具生产工艺设计 ·················43

第 5 章　典型板式家具生产工艺设计 ·················57

第 1 章 ▶▶▶

绪论

了解木家具制造工艺学课程设计的目的；掌握课程设计的内容、要求和原则；熟悉木家具制造课程设计的基本步骤。

1.1 ▶▶▶
课程设计的目的

"木家具制造工艺学课程设计"是学完"木家具制造工艺学"课程后的一次综合性训练，属于实践性环节。该课程强调设计能力及解决工程问题的方法，突出实践应用与创新能力的培养。

此次课程设计，使学生进一步掌握家具制造的基本要求、基本流程以及设备选择的论证方法；培养学生综合运用所学知识分析问题、解决问题的能力；训练学生独立查阅资料、规划设计步骤、撰写设计说明书、团队沟通表达以及分析、研究、解决复杂工程问题的能力，为今后从事家具设计生产打下初步技术基础。

具体课程目标在于使学生能够运用数学、物理知识表达木家具工艺设计中涉及的工程问题，针对具体的零部件加工过程和木家具结构，具备判别加工过程复杂性和表述复杂工程问题工作原理的能力；能够应用木家具加工的相关原理和思维方法，认知、表达并分析相关零部件加工过程中的工程问题，基于工艺设计的相关科学原理，学习解决工程问题的多种方案，并寻找优化的解决方案，建立工程优化意识；能够针对木家具工艺设计的工程问题，根据不同零部件加工的特性，确定零部件加工涉及的设备类型和操作条件，并在考虑安全、社会及环境等因素的基础上体现创新意识。

1.2 ▶▶▶
课程设计的内容及要求

本课程设计的内容与要求根据学生学习需求以及课程目标确定，具体内容见表1–1。

表1–1　课程设计内容及要求

章节分布		内容与要求
1	标题	布置课程设计任务与要求（1天）
	内容	布置具体任务，讲解木家具工艺设计的重要性

续表

章节分布		内容与要求
1	要求	领取设计任务，明确设计要求，确定设计目标；查阅相关资料；做好设计之前的准备工作
	作业进度	完成资料查阅和相关设计工作的准备
2	标题	产品设计的审定与修改（2天）
	内容	从工艺合理性着眼，根据任务书要求设计一款家具产品，明确各个零部件的技术要求
	要求	从方案可行性、技术经济评价等方面考虑，对设计方案进行论证，确定最终的设计方案；绘制结构装配图，编出零件明细表，并详细注明制品的技术条件，其中包括制品的用途和要求、外围尺寸形状、允许的公差、所使用材料的技术条件、机械加工的要求、装配质量等
	作业进度	完成产品的造型设计、结构设计并绘制工程图
3	标题	原材料的计算（2天）
	内容	计算设计产品中涉及的原材料使用量，具体项目包括：木材、胶料、涂料、饰面材料、封边材料、玻璃、镜子、五金配件等
	要求	合理地计算和使用原材料，制作原材料计算明细、原材料清单等表格
	作业进度	完成原辅材料的计算，制作原材料清单
4	标题	研究并确定加工方案（1天）
	内容	根据零部件的具体要求和各个不同的加工阶段来制定加工方案；根据木家具生产工艺过程的构成和顺序，结合原材料供应条件、木家具结构、生产计划、企业性质等具体情况来划分车间及工段
	要求	能熟练掌握木家具生产过程，针对相应的设计产品制定加工方案
	作业进度	根据设计的产品制定加工方案
5	标题	编制工艺卡片（1天）
	内容	编制工艺卡片的要求
	要求	查询相关手册确定刀具和夹具的规格；根据零部件特点确定加工规程及相关工艺要求；按照已确定的加工方案排列工序
	作业进度	完成产品所有零部件的工艺卡片（标注零件尺寸）
6	标题	拟订加工工艺过程、编制工艺过程图（1天）
	内容	编制工艺过程路线图，要清楚地表示产品的整个制造过程，合理安排加工设备的顺序
	要求	既要使加工设备达到尽可能高的负荷率，又要使所有零件的加工路线保持直线性
	作业进度	绘制产品的工艺流程图

续表

章节分布		内容与要求
7	标题	绘制车间平面布置图（1天）
	内容	计算车间面积或者根据已经给定的车间形态，布置设备，绘制车间平面图
	要求	能按照已确定的加工方案，综合运用相关技术要求，绘制车间平面图
	作业进度	根据产品类型、加工方案绘制车间平面图
8	标题	答辩总结（1天）
	内容	准备好答辩所用PPT，按学号依次答辩，陈述时长3min左右，指导教师提问时长2min左右
	要求	具有沟通表达能力，以及自主学习和终身学习的意识

材料上交要求如下：

（1）基本要求

课程设计统一用A4规格图纸并横版排列，要求图文整洁、清晰，并在指导教师规定的时间内按时上交，严禁抄袭。

（2）材料内容

具体材料包括封面，目录，设计说明（产品设计说明和本课程设计说明），产品设计图（造型），产品结构图（透视图、装配透视图、三视图），原辅材料明细表（木材、木质材料、胶黏剂、涂料、五金配件），每个零部件的工艺卡片（标注零件尺寸），工艺过程路线图，封底。

（3）提交方式

纸质材料打印、封面签名后上交；电子材料统一转换成PDF格式的文件上交，以"学号+姓名"进行文件命名，以班级为单位刻成两张光盘，并在光盘上注明班级。

其他说明：学生如有下列情况之一者，成绩以不及格或无成绩论处。

①作品纸质稿和电子文件二者缺一，则不及格。

②没有在截止日期和时间前上交，则无成绩。

③调研严重抄袭别人资料，则无成绩。

④如果同学间存在相互抄袭（或拷贝），不论是抄袭（或拷贝）者还是被抄袭（或被拷贝）者，均做无成绩处理。

1.3 ▶▶▶

课程设计的原则

（1）实用性原则

学生在进行工艺设计时应保证产品设计方案、加工方案及车间布置方案具有一定实用性，即设计方案能够在工业上实施，具备可实施性。

（2）规范性原则

学生在进行产品零件草图绘制、原材料计算明细表及原材料清单编制、工艺卡片编制、工艺过程制订以及车间平面图绘制等步骤时都应按照规范和标准进行。

（3）经济性原则

在进行各类方案设计时，学生应充分考虑成本及消耗的费用，关注资源投入和使用过程中成本节约的水平和程度及资源使用的合理性，尽量降低成本，提高生产率。

1.4 ▶▶▶

课程设计的基本步骤

为达到课程设计的目的，对课程设计的基本步骤进行说明，如表1-2所示。

表1-2 课程设计的基本步骤

序号	基本步骤
1	产品设计的审定与修改
2	制订生产计划及原辅材料计算
3	研究并确定加工方案

续表

序号	基本步骤
4	编制工艺卡片
5	拟订加工工艺过程、编制工艺过程图
6	绘制车间平面图

第一，根据课题要求进行产品信息确定。主要确定产品类型、目标产量、产品结构以及产品特性，并通过绘制草图等方式确定产品大致样式，检查是否符合课题要求，能否实现相应的功能，是否便于后续步骤的进行。

第二，制订生产计划并进行原辅材料计算。生产计划的主要影响因素是各车间、工段和工序的生产方式以及产能平衡，原辅材料计算主要是实木、人造板材、油漆、胶水、五金配件等需要计算。

第三，研究并确定加工方案。加工方案应与产品外形、结构、材料相符合，并根据生产方式进行车间和工段的划分。

第四，编制所有零部件的工艺卡片。即知道零部件生产的技术文件，需包括零部件信息、加工工艺、设备、技术要求等，确保其准确合理。

第五，拟订加工工艺过程，编制工艺过程图。制订工艺过程时应充分考虑其合理性、经济性并尽量缩短生产周期，工艺路线图应保持直线性并使加工设备达到尽可能高的负荷率。

第六，绘制车间平面图。根据预定年产量在合理组织工作位置以及计算车间面积的基础上进行绘制，主要依据工艺设计原则完成具体实施细节，确保合理性及经济性。

学生应在课堂学习的基础上，按照基本步骤进行课程设计，并完成过程性考核。过程性考核包括家具设计方案、工艺过程分析、课程报告以及汇报答辩等考核。

第 2 章　▶▶▶

木家具工艺设计依据

学习目标

　　了解木家具工艺设计的依据；掌握木家具工艺设计的内容、要求和原则；熟悉木家具工艺设计的基本步骤。

2.1 ▶▶▶
木家具生产的特点和类型

木家具生产是以锯材（或实木毛料）和其他木质材料（各种人造板、薄木及单板等）为原料，制造各类木质家具制品及其构件、工艺装饰制品等的生产，其工艺具有多样性。

木家具生产企业可以是一个独立的工厂或企业，也可以是木材加工联合企业或集团性企业的一个分厂或车间。

木家具生产企业（或车间）一般可按产品种类和用途、生产规模和产量、生产流水线来分类。

（1）按产品种类和用途分类

按产品种类有实木家具、板式家具、曲木家具等生产企业；按用途有办公家具、民用住宅家具、宾馆（酒店）家具、会议室家具、厨房家具、餐厅家具、儿童家具、学校家具、影院家具、医院家具等生产企业。

（2）按生产规模和产量分类

按生产规模和产量分类有单件生产、成批生产、大量生产等企业。

①单件生产：指不重复地制造一件或若干件产品。也就是说，产品有许多不同种类或不同尺寸，但每一种产品只生产一件或几件，如小型家具厂等，可以选用一种具有代表性的木家具，按一般通用的工艺过程（或典型工艺过程）进行设计。同时，也要考虑到特殊制品的需要，机床的排列是按类布置的，由于制品的批量小而多变，故应选用通用性设备。在生产中，由于产品改变而改变工艺过程时，流水线会出现回头现象。由于产品的经常改变，刀具及工夹具的设计或选用很重要，要求有很强的技术力量和技术后备。

②成批生产：指定期成批地重复生产一定种类的产品。木家具生产企业多数都属于成批生产，它是以批量最大、经常出现的产品为依据来进行设计的，其突出的要求是必须使车间生产能力最大、经济效益最佳而又能灵活地适应产品品种的改变。

③大量生产：指长期地、单一地只生产某种或少数几种产品，其特点是产量大、品种有限、产品稳定，如年产60万～100万张椅子的工厂、年产3万～5万套办公家具的工厂

等。它是以某一定型产品（如实木家具、板式家具、曲木家具等）为依据来进行设计的。因此，在设备方面应选用生产能力大的专业机床、自动机床、联合机床、加工中心等，在工艺方面应采用工序集中，而设备则严格按照工艺过程的要求进行布置。

（3）按生产流水线分类

生产流水线是加工的工件沿着依次排列的设备或工作位置移动进行的加工生产方式。实现流水线生产可以提高产品工艺过程的连续性、协调性和均衡性，便于采用先进的生产工艺和高效的技术装备，缩短生产周期和提高生产效率。

①间隙式生产流水线：指加工的工件从一个工序到另一个工序的加工和运输是间断的，各工序之间设有缓冲仓库。

②连续式生产流水线：指生产设备按工件加工工序的先后顺序依次排列，加工工件从一个工序到另一个工序的加工是连续不间断的，其形式又可分为：不变生产流水线（在整个生产流水线中，只加工一种零部件或产品的生产线）和可变生产流水线（在整个生产流水线中，加工的工件有阶段性变化时的生产线）；简单生产流水线（在整个生产流水线中，工件从一个位置到另一个位置是由工人搬运或简单装置传送的生产线）、半自动生产流水线（工件在传送带上传送，工人从传送带上取件和送件的生产线）和自动生产流水线（工件由传送带直接送入和送出生产设备的生产线）。

2.2 ▶▶▶
木家具结构和技术条件的确定

木家具的设计图纸和有关技术条件是组织生产过程、选用加工设备的主要依据。进行工艺设计时，在得到设计任务书的同时，还应得到作为设计依据的企业所有产品设计的结构装配图。如果只有制品的草图，则应先画出结构装配图。

木家具的结构包括材料、形状、尺寸和接合等，这些不仅影响产品的外形和强度，而且也与生产过程的组织、车间设备的布置密切相关。在进行工艺设计时，首先要对制品的结构装配图进行分析，使其符合生产和使用要求。这些要求包括：

（1）材料选用的合理性

在材料选用方面应力求合理，为提高木材利用率，应大量采用人造板、人造薄木等材料和弯曲胶合等工艺。

（2）零部件的互换性

组成制品的零部件的加工精度要合理，应满足允许的公差要求，以便提高零部件的通用化和互换性程度。

（3）制品结构的工艺性

所有零部件的加工（包括装配）应能机械化生产，并尽可能考虑工艺路线的机械化和自动化。

（4）制品结构的正确性

材料的规格、产品与零部件的形状和尺寸以及接合等方面应符合各有关标准或规范的规定。

在分析木家具结构后，如不合理，就应进行修改或重新设计。根据结构装配图编出零部件明细表，并应详细注明制品的技术条件，其中包括制品的用途和要求、外围尺寸和形状、允许的公差（特别是重要接合部位的公差）、所使用材料的技术条件、机械加工要求、装配质量、装饰种类（特别是涂饰种类）以及制品的包装要求等。

2.3

生产计划的编制

生产计划即指企业全年的产品生产总量、年生产能力或生产规模。设计任务书上所规定的生产计划，是工艺设计的主要依据。根据生产计划可以进行各车间、各工段、各工序的工艺计算，然后确定设备和工作位置的数量。生产计划通常以各种产品的件数来表示，对建筑构件等产品，有时也用总长度（m）、总面积（m²）或总体积（m³）来表示，有的也用年耗用材料量（m³）来表示。

编制生产计划有以下几种方法：

（1）精确计划

精确计划是根据设计任务书上规定的所有木家具来编制的，在这种情况下必须按所有木家具的每个零件逐个进行工艺计算。此法所得的结果最为精确，适用于大量相同类型、相同尺寸产品的生产。对于没有资料可供选用的新产品，也必须对所有零件进行工艺计算。此法设计时间较长，需要有较大的设计力量和较多的设计费用。

（2）折合计划

折合计划是指当企业生产的制品类型和零件数量较多时，采用折算后的概略计划，以简化计算过程、缩短设计时间和节省设计费用，此法精确度较差。主要包括折合系数法、类似部件分组法和典型工艺路线法三种。

①折合系数法：用各种制品所消耗的劳动量与计算制品（代表制品）所消耗的劳动量相比，确定劳动量系数，再用劳动量系数将各种制品折算成计算制品的产量。制品所消耗的劳动量，应根据生产类似制品企业的先进指标或已完成的设计资料来确定。同时，为了尽可能地接近实际生产情况，应当选用产量最大的制品作为计算制品。如果所有制品能并成一类，折合计划就以一种产品的生产量表示；当不能归并为一类时，要划分几类，每一类都必须按结构类型来分，如柜类、桌类、椅类等。

例：某企业准备生产四种不同型式的椅子制品，用折合系数法计算。在四种不同型式的椅子中选定产量最大的Ⅱ型椅子作为计算制品，其劳动量系数为1.00。此时，车间应按971件Ⅱ型椅子作为生产计划来进行工艺计算，具体见表2-1。

表2-1　制品劳动量折合计算

产品型式	产量/ （件/班）	机械加工车间劳动量/ （台/时）	劳动量系数	折合生产量/ （件/班）
Ⅰ	100	80	1.14	114
Ⅱ	600	70	1.00	600
Ⅲ	200	65	0.93	186
Ⅳ	100	50	0.71	71
总计	1000	—	—	971

②类似部件分组法：按结构装配图把所有制品拆开，根据制品中的零部件，即方料、板件、木框、箱框等进行分组，再将各组零部件按尺寸分成3~4个小组，然后从每一小组中计算确定出一个平均尺寸（该尺寸在整个制品中很可能是没有的）来进行工艺计算。

例：在不同制品中有下列两种木框，确定其平均尺寸。

Ⅰ组：长L×宽B×厚h=（1000~1500）mm×（400~600）mm×（25~30）mm

Ⅱ组：长L×宽B×厚h=（600~900）mm×（350~500）mm×（25~30）mm

在Ⅰ组木框中：

长L=1000mm	30个	宽B=400mm	20个	厚h=25mm	40个
L=1200mm	20个	B=500mm	30个	h=30mm	40个
L=1300mm	10个	B=600mm	30个		
L=1500mm	20个				
总计：	80个		80个		80个

经计算后把80个尺寸不同的木框，折算成尺寸为1213mm×513mm×27.5mm的木框。用同样方法可计算出其他各组的平均尺寸，最后就按各组的平均尺寸来进行工艺计算。

经验证明，这种编制生产计划的方法与按精确生产计划进行工艺计算的结果相比，在机床与工作位置的数量上并无差别，但它们的负荷则与精确计算相差5%~10%。

③典型工艺路线法：将生产计划中规定生产的多品种制品的所有零部件按事先确定的加工工艺路线分成组，再根据尺寸将每个组分成2~3个小组，并算出每个小组部件的平均尺寸，然后按每一小组的工艺路线和平均尺寸进行工艺计算。此种方法比类似部件分组法更精确，但在确定工艺路线时，要求设计人员有丰富的经验。

当计算自动线和传送带时，不能采用折合计划，因为它是根据所规定的具体制品来进行设计的。在调整这些生产线时，也应根据具体制品来进行计算。

2.4 ▶▶▶
木家具工艺设计的原则

木家具生产的工艺设计包括新建生产企业（车间）的工艺规划设计和现有生产企业（车间）的工艺改造设计。

（1）对于新建生产企业（车间）

应根据市场分析与预测、建设内容与规模、建设背景条件与基础等进行企业厂区规划与平面布局、土建（建筑）与公用工程设计、生产工艺方案设计与设备选型、能源与动力供给设计、环境保护与除尘系统设计、劳动保护与安全措施设定、劳动岗位定员概算与培训计划、投资预算与效益分析等方面的可行性研究和规划设计。

（2）对于现有生产企业（车间）

要根据上述内容对企业（车间）现有的条件和设施进行厂区或车间的局部调整、设备选择与工艺改造设计。

木家具生产企业（或车间）的工艺设计，应当以生产的特点和类型、产品的设计和生产计划为依据。在确定产品结构和技术条件、计算原材料、制订工艺过程、选择与计算加工设备和生产面积的基础上，进行车间的规划与设备的布置，最后绘制出车间平面布置图。

课后练习与思考题

1. 什么是生产计划？
2. 制订家具生产计划的方法是什么？
3. 如何优化家具生产任务？
4. 制约家具生产计划的因素是什么？
5. 家具工艺设计的原则是什么？

第 3 章 ▶▶▶

工艺过程的制订

学习目标

　　了解家具制造工艺过程制订的依据；掌握家具工艺过程制订中原辅材料消耗计算、工艺卡片及工艺路线的编制、车间设备的选择、车间的布置等内容；熟悉家具工艺过程制订的基本步骤。

3.1 ▶▶▶
原辅材料消耗计算

3.1.1 原材料计算

原材料计算是指木材和木质人造板材、钢材等材料的耗用量计算。合理地计算和使用原材料是实现高效益、低消耗生产的重要环节。不论是按精确的生产计划还是按折合的生产计划，都要计算所有制品的原材料耗用量。通常采用概略计算法，即首先计算出制品的净材积，然后除以各种原料的净料出材率从而计算出所需各种原材料的耗用量。但因净料出材率在各地大都是估计的，出入很大，故宜采用表3-1进行原材料耗用量计算，具体计算步骤如下。

①根据制品结构装配图上的零件明细表，确定每个零件的净料尺寸，填写表中第1~8栏，由此和零件数量可计算出一件制品中每种零件的材积V，并填入第9栏。

②分别确定长度、宽度和厚度上的加工余量并填入第10~12栏；将净料尺寸与加工余量分别相加得到毛料尺寸，并填入第13~15栏；由此计算出毛料材积并乘以制品中的零件数后，即可得到一件制品中的毛料材积V'，填入第16栏；再乘以生产计划中规定的产量A，得到按计划产量计算的毛料材积$V'A$，填入第17栏。

③确定报废率k（一般情况下，报废率总值通常不超过5，而且对于小型或次要的零件可以不考虑其报废率），并填入第18栏；再按公式计算按计划产量并考虑报废率后的毛料材积$V''[=V'A(100+k)/100]$，填入第19栏。

④确定配料时的毛料出材率N，填入第20栏；再按公式计算出需用的原材料材积$V^o[=100V''/N=V'A(100+k)/N]$和净出材率$C\{=100VN/[(100+k)V']\}$，并分别填入第21、22栏。

⑤根据以上计算结果编出必需耗用的原材料清单（表3-2）。为使配料时的加工剩余物最少，提高原材料利用率，应当根据零件的具体情况，选用最佳规格尺寸的原材料。在原材料清单中，各种材料应当分类填写。

表3-1 原材料计算明细

产品名称：　　　　　　　　　　　　　　　　　　计划产量：

编号	部件名称	零件名称	材料与树种	一件制品中的零件数	净料尺寸/mm			一件制品中的零件材积 V/m³	加工余量/mm			毛料尺寸/mm			一件制品中的毛料材积 V'/m³	按计划产量的毛料材积 VA/m³	报废率 k/%	按计划产量并考虑报废率后的毛料材积 V''/m³	配料时的毛料出材率 N/%	原料材积 V°/m³	净料出材率 C/%
					长度	宽度	厚度		长度上	宽度上	厚度上	长度	宽度	厚度							

表3-2 原材料清单

产品名称：　　　　　　　　　　　　　　　　　　计划产量：

木质材料种类与等级	树种	规格尺寸/mm			数量	
		长度	宽度	厚度	材积/m³	材积/块

3.1.2 其他材料计算

其他材料包括主要材料和辅助材料。主要材料有胶料、涂料、贴面材料、封边材料、金属材料、塑料、玻璃、镜子和配件等；辅助材料是指加工过程中必须使用的材料，如砂纸、抛擦材料、棉花、纱头等。

计算时，先根据结构装配图确定一个制品或一个零件的材料数量，或确定一个制品或一个零件的材料数量，再按生产计划计算出全年的材料消耗量。

（1）胶料的计算

根据胶合工艺要求计算出每一制品所需涂胶的总面积，然后按单位面积的涂胶量（消耗定额）来确定每一制品的耗胶量及年总耗胶量，如表3-3所示。

表3-3　胶料计算明细

产品名称：＿＿＿＿＿＿＿＿＿　　　　　　　　　　　　　　　计划产量：＿＿＿＿＿＿＿＿

| 编号 | 零件或部件名称 | 零件或部件数量 | 胶料种类 | 涂胶尺寸/mm | | 每一制品涂胶面积/m² | 消耗定额/（kg/m²） | 耗用量/kg | |
				长度	宽度			每一制品	年耗用量

（2）涂料的计算

根据涂饰工艺要求计算出每一制品所需涂饰的总面积，然后按单位面积的涂料量（消耗定额）来确定每一制品的耗漆量及年总耗漆量，如表3-4所示。不同树种、不同涂料、不同档次的木质家具涂饰时所消耗的涂料可参考表3-5。

表3-4　涂料计算明细

产品名称：＿＿＿＿＿＿＿＿＿　　　　　　　　　　　　　　　计划产量：＿＿＿＿＿＿＿＿

| 编号 | 零件或部件名称 | 零件或部件数量 | 涂料种类 | 涂饰尺寸/mm | | | | 每一面涂饰面积/m² | | 消耗定额/（kg/m²） | 耗用量/kg | |
| | | | | 外表面 | | 内表面 | | | | | | |
				长度	宽度	长度	宽度	外面	内面		每一制品	年耗用量

表3-5　各种涂料消耗定额　　　　　　　　　　　　　　单位：g/m²

涂料	树种档次及消耗							
	阔叶材				针叶材			
	中档		高档		中档		高档	
	消耗定额	总耗量	消耗定额	总耗量	消耗定额	总耗量	消耗定额	总耗量
酚醛清漆	100～120	120	—	—	60～80	120～160	—	—
醇酸清漆	100～120	120	—	—	60～80	120～160	—	—

续表

涂料	树种档次及消耗							
	阔叶材				针叶材			
	中档		高档		中档		高档	
	消耗定额	总耗量	消耗定额	总耗量	消耗定额	总耗量	消耗定额	总耗量
醇酸色漆	120～150	350	—	—	80～100	160～200	—	—
NC清漆	60～80	240	60～100	400～500	50～60	100～120	60～80	300～400
NC色漆	80～100	300	80～100	400～700	60～80	120～160	80～100	400～600
PU清漆	100～120	200～240	100～120	300～360	80～100	160～200	80～100	300～400
丙烯酸清漆	120～150	200～300	120～150	340～360	80～100	160～200	80～100	240～300
PE清漆	120～180	200～240	120～180	300～450	100～120	200～240	120～150	240～300
PE色漆	150～200	240～280	150～200	450～600	120～150	240～300	150～200	300～350

另外，也可根据每个制品所需涂饰的总面积和每千克涂料可涂饰的面积数来计算出每一制品所需涂料的耗用量。

（3）其他相关材料的计算

其他相关材料应根据制品设计中的具体要求和规定，并考虑留有必要的余量进行计算，然后列表说明。

3.2 ▶▶▶
车间及工段的划分

各种不同的木家具，其生产工艺过程大体上是相同的，通常分为以下几个阶段：制材、干燥、配料、毛料机加工、净料机加工、胶合与胶贴、弯曲成型、装饰（涂饰）、装配等。

制材作业和木材干燥，无论从技术观点还是经济观点来说都是以集中进行为好，不宜在每个木家具工厂（不论生产规模大小）都自己进行制材作业和木材干燥处理，可由制材企业供应干燥好的板材。甚至为了合理使用木材，提高木材综合利用率，制材企业还可以根据要求进行配料加工，向家具生产企业供应毛料或坯料。尽管如此，由于目前木材原料来源广、木家具含水率要求高，一般木家具生产企业还是需要组织木材干燥和毛料生产。

木家具生产中的胶合工段，有的可与其相邻的工序配合，或归并到某些相关工序中去，如拼板中的胶合、部件装配中的胶合等；有的则必须单独安排，如板式部件加工中的胶合以及大尺寸方材的胶合等，但也应与部件胶合尽量靠近。

装饰与装配过程的先后顺序，主要决定于木家具的结构。非拆装结构制品总是在完成总装配以后再进行涂饰，而拆装结构制品（特别如板式家具）为了实现装饰过程机械化，就必须先进行零部件装饰，最后再完成总装配。其他如曲木加工过程或弯曲胶合过程，则应安排在净料机加工之前进行。

总之，应当根据木家具生产工艺过程的构成和顺序，结合原材料供应条件、木家具结构、生产计划、企业性质（单一的或综合的）等具体情况来划分车间及工段。

木家具生产企业，通常包括下列车间（或工段）：制材车间、干燥车间、配料车间、机加工车间、胶合（胶贴）车间、曲木成型车间、装配车间、涂饰或油漆车间等。

3.3 ▶▶▶
工艺卡片的编制

工艺卡片是生产中的指导性文件，同时也是各部门生产准备、生产组织和经济核算的依据。在制订制品生产工艺的过程时，先要编制该制品所有零件的加工工艺卡片，其形式如表3-6所示，步骤如下。

①在工艺卡片上画出零件的立体图或三视图并标注尺寸。通常在批量加工时，当某一个零件规格很小而不易加工时，可将这个零件的几倍作为配料的毛料尺寸，即倍数毛料尺寸。

②填写工序顺序（第1栏）和名称（第2栏）。工序顺序的先后排列必须能保证：整个工艺流水线的直线性；实现最合理的加工工艺方案；满足加工精度的要求；满足表面质量（粗糙度）的要求。

③填写各工序所采用的设备名称与型号或工作位置名称（第3栏）。机床应尽可能选用先进、高效、价廉的设备。如果该工序是在工作位置上用手工操作完成的，就填写工作位置的名称。

表3-6 工艺卡片

加工（装配、装饰）工艺卡　　　　　　　　　　　　　　　　第　号

制品名称：＿＿＿＿＿＿＿＿＿＿
零件名称：＿＿＿＿＿＿＿＿＿＿
制品中零件数量：＿＿＿＿＿＿
材料（树种、等级）：＿＿＿＿＿　　　　　　（零件草图）
净料尺寸：＿＿＿＿＿＿＿＿＿
毛料尺寸：＿＿＿＿＿＿＿＿＿
倍数毛料尺寸：＿＿＿＿＿＿＿

编号	工序名称	机床工作位置	刀具		工具		加工规程				加工后的尺寸	工艺质量要求	工人		工时定额	备注
			名称	尺寸	名称	编号	进料速度	切削速度	走刀次数	同时安放工件数			机床工数	辅助工数		

④填写刀具与工具的名称等（第4～7栏）。刀具的尺寸决定了切削量的大小，夹具的合理使用便于提高加工精度，其编号便于统计与保管。

⑤根据工序确定并填写最优的加工规程（第8～11栏），以便能保证整个加工过程都达到最好的指标。其中切削速度V（m/s）与刀具的切削直径D（mm）和刀轴转速n（r/min）有关：$V=\pi Dn/(60 \times 1000)$。

⑥填写每一工序完成后的工件尺寸（第12栏），以表示出工件经过各工序后应有的尺寸状态。

⑦填写每一工序的工艺技术要求和每一工序完成后的工件加工质量（第13栏），以表示出工件经过各工序加工后应达到的质量指标和工艺要求。

⑧按机床工和辅助工分别填写各工序所需的操作工人数及其技术等级（第14～15栏）。各工序的操作工人数是以合理的工作位置组织为依据的；操作工人的技术等级需按该工序的复杂程度以及加工精度要求，参照相应的《工人技术等级标准》来确定和填写。一般来说：辅助工为1～2级，机床工为3～4级，复杂机床工为5～7级。

⑨确定工时定额（第16栏）。可以利用现有企业以先进工人达到的指标为依据生产数据，或者采用相应手册中的数据，也可以按计算公式来标定各工序的工时定额。工时定额t的计算见式（3-1）。

$$t=\frac{t_{班}}{A} \qquad\qquad (3-1)$$

式中　t——工时定额，min/块（根）；

$t_班$——工作班的持续时间，min；

A——各类设备的班生产率，块或根（可根据各类不同设备按有关公式进行计算）。

3.4 ▶▶▶
工艺路线图的编制

所有零件的工艺卡片编号后，即可着手拟订该制品的工艺过程和编制工艺路线图。工艺路线图不仅要清楚地表示该制品的整个制造过程，而且还应当显示出在生产车间内布置的各种加工设备和工作位置的合理顺序。

木家具生产企业一般是成批生产，同时在各个机床和工作位置上允许加工不同的零件。故在编制工艺路线图时，机床的排列顺序应避免零件在加工过程中有倒流现象，或增加不必要的机床和工作位置而造成工艺路线的延长。如下列三个方案中，方案Ⅰ有倒流现象，方案Ⅱ要增补机床，而方案Ⅲ既无倒流现象也不必增补机床（图3-1）。

编制工艺过程路线图时，既要使加工设备达到尽可能高的负荷率，又要使所有零件的加工路线保持直线性。如果某些零件的加工路线出现环形或倒流等现象，就应进一步调整。

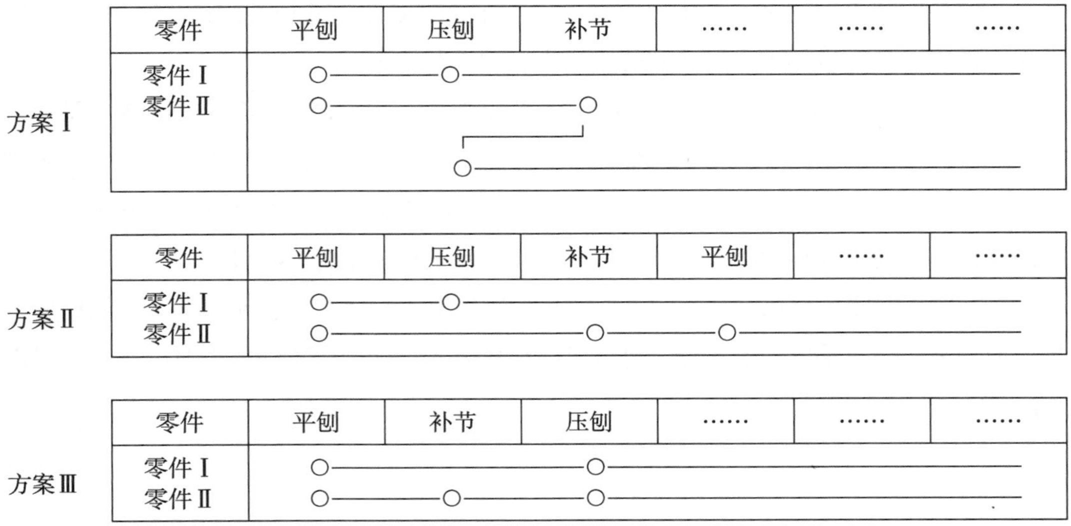

图3-1　工艺路线图的编制

表3-7为制造实木家具零件工艺过程路线的一部分。对于木家具的生产，通常是专业性的，它的工艺方案及工艺过程常可按某一特定产品来进行设计。对于这种工艺路线，一定要保证其直线性。

表3-7　实木家具零件工艺过程路线（部分）

编号	零件名称	尺寸/mm	设备及工作位置										
			划线台	吊截锯	机械进料纵截圆锯	手工进料纵截圆锯	平刨	补节机	四面刨	双端开榫机	铣床	链式打眼机	……
			工序名称										
			板材划线	截断	纵截	纵截	基准加工	补节	四面刨削	开榫	型面铣削	打榫眼	……
1	门挺			○—○—○		○—○	○—○	○	○	○	○—○		
2	门横档				○—○		○—○		○		○		
3	门中档			○—○		○—○		○	○	○			
…	…												

3.5 ▶▶▶
设备选择和生产能力计算

3.5.1　设备的选择

木家具生产要根据企业发展规划、生产规模大小、工艺流程需要、机床设备特性、市场供应途径和技术服务情况等条件来选择设备，其中最主要的是要熟悉和了解产品生产的工艺流程与加工技术以及木工机械设备的常用种类与技术特性。

选择设备的原则是：技术上先进、性能上可靠、生产上可行、使用上方便、经济上合理。具体要求如下：

①设备的生产率，应与长远规划的生产任务相适应，要保证设备有较高的负荷率。即设备的选择在满足工艺要求的前提下，应视企业或车间生产任务的大小而定。

②设备的精度等级，应与产品的工艺要求相适应，要保证产品质量。设备精度的保持性、另配件的耐用性和安全可靠性应符合要求。

③节约能源，原材料利用率高，维修方便，维护与使用费用低，操作安全、简便、可靠，对环境无污染。

④设备要配套，主机、辅机、控制设备及其他设备、工具、附件要配套。

当选择同一类型设备时，还应考虑以下几点：

①选择生产率高的机械进料机床设备。

②机床的规格和技术性能应满足工艺要求。

③机床应有安全保护装置，以保证安全生产。

④尽量选用国产机床设备。

3.5.2　设备和工作位置的计算

机床设备和工作位置的计算，按下列步骤进行：

①按年生产计划所需的机床小时数的计算见式（3-2）。

$$T=\frac{tAnk}{60} \tag{3-2}$$

式中　T——按年生产计划该工序所需的机床小时数，h；

　　　t——零件加工的工时定额，min/块（根）；

　　　A——年生产计划规定的产量，块或根；

　　　n——该零件在制品中的数量；

　　　k——考虑到生产过程中零件报废的系数（$k>1$）。

各种零件在各个工序加工所需的机床小时数按上式计算后，分别填入工艺路线图中各机床设备及工作位置（或各工序）下方相应的圆圈（或小方框）内。

②对于不只加工一种零件，而是加工多种零件的机床设备及工作位置，按式（3-3）统计出按年生产计划在该工序上所需的总机床小时数。

$$\sum T=T_1+T_2+T_3+\cdots+T_n \tag{3-3}$$

式中　$\sum T$——按年生产计划在该工序上所需的总机床小时数，h；

　　　T_1，T_2，T_3，…，T_n——按年计划各种零件在该工序上所需要的机床小时数，h。

将统计的结果填入需用设备与工作位置明细（表3-8）中的第4～6栏内。

③按式（3-4）计算机床设备全年拥有的机床小时数，填入表3-8的第7栏内。

$$T_0 = \left[365 - (D_1 + 7 + D_2) \right] CSK \qquad (3-4)$$

式中　　T_0——机床设备全年拥有的机床小时数，h；

　　　　D_1——年的星期休息日（周日休D_1=52，大小星期日休D_1=78，周六和周日休D_1= 104）；

　　　　D_2——年的大修和小修日（D_2=2～4）；

　　　　C——工作班数（C=1，2，3，填入表3-8的第8栏内）；

　　　　S——每班工作时间，h；

　　　　K——考虑到设备由于技术上的原因停歇修理系数（复杂设备K=0.93～0.95、简单设备或工作位置K=0.98～1.00）。

④按式（3-5）计算机床设备和工作位置数n，填入表3-8的第9栏内。

$$n = \frac{\sum T}{T_0} \qquad (3-5)$$

⑤确定实际需采用机床设备及工作位置数m，填入表3-8的第10栏内。当设备或工作位置计算数的小数部分超过0.25时，应圆整为整数，即采用台数要多取一台；当计算数的小数部分不足0.25时，一般情况下可以舍去，即采用台数为计算数的整数部分，通过调整机床负荷等措施来解决。但对于某些特殊的专用设备，为了保持加工路线的直线性和保证工艺的需要，使用负荷再小也要采用，如燕尾榫开榫机、小带锯、打眼机等。

⑥按式（3-6）计算设备负荷百分率P，填入表3-8的第11栏内。

$$P = \frac{100 \sum T}{m T_0} \qquad (3-6)$$

表3-8　需用设备与工作位置明细

编号	车间	设备与工作位置	按年生产计划需用机床时数/h			全年拥有机床时数/h	工作班数	机床和工作位置计算数	机床和工作位置采用数	负荷率/%
			制品甲	制品乙	合计					
1	配料车间	划线台	1896	6790	8686	4560	2	1.90	2	95
2		横截锯	1152	2009	3161	4560	2	0.69	1	69
3		自动纵截锯	2503	4511	7014	4560	2	1.54	2	77
4	机加工车间	平刨								

3.5.3 设备负荷的平衡和调整

根据设备和工作位置的计算结果，须对采用机床数及机床负荷率进行分析和调整，使之达到平衡。

（1）分析调整设备负荷的一些原则

①对于个别机床允许超负荷10%，但必须采取相应措施。

②所有设备的平均负荷率应在70%以上。

③某些专用机床（如燕尾榫开榫机、车床等）如果是生产中不可缺少的，而且是很难用别的机床代替的，尽管其负荷率很低，仍必须保留。

④如果某类机床的选用数很多，而这类工序的内容又不是十分复杂，就可以选用同类中生产率高的机床来代替，以减少机床台数，同时也可相应地节约车间面积。

⑤应保证零部件加工路线的直线性，防止零件在加工过程中出现环形或倒流现象。

（2）调整设备负荷的一些具体措施

①对于超负荷机床，可以采用下列措施来调整：

a. 将超负荷机床上的部分工作转移到别的机床上去，如截头锯超负荷时，可将部分工作移到开榫机上去。

b. 改善工作位置组织，或增加辅助工人。

c. 在工艺上采取某些不降低产量和质量的措施，如开榫工序转移到铣床上去等。

d. 采用性能更加完备的高生产能力的设备来代替。

②对于负荷低的机床，可以采取以下措施调整：

a. 对复杂和贵重的机床，可另选用价廉和生产率较低的机床来代替，如双端开榫机换成单端开榫机等。

b. 负荷率很低，而该工序又可以在其他机床上完成时，则将此低负荷的机床取消。

（3）提高设备平均负荷率的两种方法

①选定最好的生产计划。根据以上机床负荷的计算结果，按设计时的生产计划再减少10%和增加10%、20%、30%……，按式（3-7）算出其平均负荷率P'，然后根据最高的平均负荷率来确定最优的生产计划，见表3-9。

$$P' = \frac{P_1 n_1 + P_2 n_2 + \cdots + P_n n_n}{n_1 + n_2 + \cdots + n_n} \tag{3-7}$$

式中　P'——平均负荷率；

　　　P_1，P_2，$\cdots$，P_n——各类机床的负荷率；

　　　n_1，n_2，$\cdots$，n_n——同类机床数。

从表3-9中可以看出，产量增加10%时，机床平均负荷率最高，达89%。所以为了使机床平均负荷率最高，机床利用效果最好，可以考虑在原生产计划的基础上再增加10%的产量。当然，此时还应综合考虑原材料供应、产品销售、能源供给、劳动力等问题。

表3-9　生产量不同时机床负荷分析

机床	生产量									
	90%		100%		110%		120%		130%	
	负荷/%	机床数/台	负荷/%	机床数/台	负荷/%	机床数/台	负荷/%	机床数/台	负荷/%	机床数/台
A	78	2	86	2	95	2	103	2	74	3
B	105	2	78	3	86	3	93	3	101	3
C	81	1	90	1	99	1	54	2	59	2
D	63	1	70	1	77	1	81	1	91	1
合计数量/台	—	6	—	7	—	7	—	8	—	9
平均负荷率/%	85	—	81	—	89	—	84	—	82	—

②提高生产量。在调整设备负荷时，应使各设备负荷均衡，并找出负荷最大的设备，该设备的负荷率与满负荷率之差，即为整个企业或车间的生产潜力。如果继续对负荷最大的设备采取种种措施降低其负荷后，就可以发现有更大的生产潜力，就能继续提高生产能力，同时平均负荷率也将得到相应的提高。

3.5.4　编制需要的设备清单

在设备负荷平衡后，就能决定所采用的设备，从而编制出需用的设备清单，见表3-10。表中的资料可根据有关机床设备的产品目录查得。

表3-10　需用设备清单

编号	设备名称	型号	数量/台	刀具转速/(r/min)	进料速度/(m/min)	加工工件尺寸/mm	传动类型	电机数量/台	电机功率/kW	机床重量/kg	机床外形尺寸/mm	单价/元	总价/元	生产厂家	备注
1															
2															
...															

3.6 ▶▶▶ 车间规划和设备布置

3.6.1　工作位置的组织

工作位置组织就是沿着制品生产的工艺流水线方向，合理地安排操作工人、加工设备、工作台和工件之间的相互位置。工作位置组织越合理，就越能减少非生产时间的消耗。对机械进料的机床，可以达到最大的容许进料速度；对手工进料的机床，可以在不增加劳动强度的条件下，提高机动时间利用系数，达到最高的劳动生产率。在已经合理组织工作位置的情况下，为发挥其最大效益，还必须做好加工准备工作，如工作位置的整理、设备的维修保养、车间内的运输组织以及保证加工过程顺利进行的其他供应工作（如原材料、刀具、工夹具、辅助材料的供应等）。

设计和组织工作位置时，应注意考虑以下各项：

①应使机床或工作位置达到最高劳动生产率指标，并使工人花费最少体力和操作最安全。

②工作位置的大小，根据加工零部件的尺寸、机床外形尺寸和加工方法来确定。在不同企业中同种工序的工作位置，其面积也可能是不一样的。

③机床的操纵装置、开关、制动装置等，都应放在离工人不远而且很方便的地方，以便工人不离开工作地点就可操作。

④应预先对各种加工材料进行分类整理，按进料方向放好，避免在加工时出现忙乱现象。

⑤工作台的标高一般为0.8m，当女工占多数的情况下，可采用0.7m。材料堆的高度最好能与工作台高度相同。对大尺寸或很重的零部件，可设计采用升降机，使材料堆的高度在加工过程中始终保持在工作台的高度水平。有时也可以按某些机床的需要而设置一个材料架，由辅助工人直接向材料架堆放需要加工的材料，这样可以提高机动时间利用系数。直接在机床的工作台面上堆放材料是不允许的。

⑥工作位置中的材料堆应设置在工人随手可取之处，并要保证安全生产。当工人要在材料堆与工作台之间走动时，材料堆离工作台的距离应为0.4~0.7m；不需要在材料堆与工作台之间走动时，距离应为0.3m之内；当工人要在两材料堆之间工作时，其距离不大于1.2m。材料堆的宽度不应超过0.8m，离地面的高度不应超过1.7m。这些主要是考虑工人手臂的活动范围。

⑦为避免材料供应的间断，有时必须考虑设置材料的缓冲仓库或中间仓库。

⑧为了最大限度地利用机动时间，进料速度大的机床应用仓式进料装置或采用其他协调的运输装置。

⑨对于需要进行工艺陈放的工序，应该组织连续式的工作方式，即在工艺陈放时间内，工人不必等待即可转入另一制品或零部件的加工。这些工序如胶拼、胶贴、涂饰等，可以分别采用扇形胶拼架、回转式工作台和回转式喷漆室等设备。

3.6.2 车间面积的计算

在初步设计时，各车间所需的生产面积，可先根据概略指标来确定。各种设备占用生产面积平均标准的数值根据木家具的类型和车间的加工特征来确定，具体见表3-11。

表3-11 设备占用生产面积平均标准

车间或工段名称	每台机床及工作位置占用生产面积平均标准/m²			
	最大型产品（车厢等）	大型产品（建筑构件等）	中型产品（家具等）	小型产品（机壳与工艺装饰件等）
配料车间	55~80	45~55	45~55	45~55
加工车间	55~80	45~55	30~40	25~30
装配车间	—	45	25~40	20~30
涂饰车间	—	—	25~35	20~30
机修车间	15~18	15~18	15~18	15~18

在生产面积平均标准中，已经包括通道所占用面积，大约为40%，因此机床设备所占用面积仅为60%。此外，还应计算办公室、生活用房（休息室、更衣室等）和辅助用房（工具与配件室、配漆间、调胶间、配电间、磨刀与修锯间等）的面积（约为总面积的20%），以及中间仓库所占用面积等。

因此，车间所需总面积按式（3–8）计算。

$$S=1.2\sum n_iS_i+S_0 \tag{3-8}$$

式中　　S——车间所需总面积，m^2；

　　$\sum n_iS_i$——所有车间内机床和工作位置占用面积的总和，m^2；

　　n_i——各车间或工段内机床设备和工作位置台数；

　　S_i——各车间或工段内每台机床设备和工作位置所占用生产面积的平均标准（表3–11），m^2；

　　S_0——中间缓冲仓库的面积按式（3–9）计算，m^2。

$$S_0=LbntK_f \tag{3-9}$$

式中　　L——材料或工件堆长度，m；

　　b——材料或工件堆宽度，m；

　　n——每班生产的材料或工件堆数（n = 每班生产的工件数/每个材堆件数）；

　　t——存放时间，班；

　　K_f——面积利用系数（$K_f=1.1\sim1.2$）。

3.6.3　车间建筑的规划

车间建筑物的规划或设计，主要是根据设计任务书、生产计划、产品特点、工艺过程方案以及工艺技术的要求，按照国家建筑规范的标准确定建筑物的型式、跨度、开间和层数等。

（1）流水线在车间中的配置

①对于一层建筑，一般流水线的始端和末端配置在建筑物的两端。建筑物的跨度决定于生产量的大小，即决定于所设计的流水线条数。流水线的方向都是沿建筑物纵向排列。

②对于多层建筑，各层的流水线也沿建筑物纵向排列，但各层的方向可以不同，这主要决定于升降机的位置、数量及工艺路线的长短。设计方案应最经济、最合理。

③对于涂饰车间，由于它要求有最清洁的工作环境，同时又存在有害气体的挥发，所以在一层建筑中，应考虑既不受加工车间粉尘的影响，又使挥发性有害气体得到安全处理。在多层建筑中，则应配置在最高层。

（2）工艺过程对建筑形式的影响

①有些零部件，例如建筑构件中的长条地板、木线、天花板等，其加工过程较简单、工序也少，又不涉及其他工段，这时为了降低建筑投资，可选用台阶式建筑，如图3-2所示的任一种。

②有些部件的加工工艺过程，包括几个相互关联的工段，如细木工板生产中，芯板制造和表背板制造的两条作业线需在胶压工段汇合；板式部件的生产，也是芯板和表背板两条流水线在胶压工段汇合；有饰面材料的加工流水线也需与基材加工流水线在胶压工段汇合等。这时，可采用插入式建筑，见图3-3。

③有些工段需要特殊温湿度条件或特殊加工环境，如涂饰车间中的某些工段、干燥间和拼板胶拼后的陈放场所等。这时，应把这些工段设置在该建筑物外面相应的地方，或在该建筑物内用间壁隔开，见图3-4和图3-5。

④有些作业线需呈折线展开，建筑物的形式应为"L"形或"Π"形，此两种形式的建筑物也适用于受场地条件限制的情况。但是，这样建筑物拐弯处的场地不易利用。

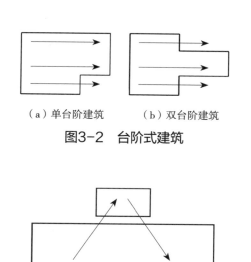

（a）单台阶建筑　　（b）双台阶建筑

图3-2　台阶式建筑

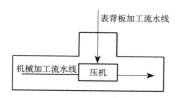

图3-3　插入式建筑

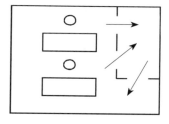

图3-4　配置在主建筑旁边　　　　图3-5　配置在车间内用间壁隔开

（3）车间环境卫生问题对建筑的要求

车间卫生是实现环境保护和安全生产的重要组成部分。在工艺设计时，应为车间建筑的卫生技术设计提供下列资料：

①每一车间各班的工人数、男女工数量，并指定使用的卫生设备种类。

②每一车间使用电器设备（如电动机、电热装置等）的数量、功率及工作情况。

③车间中的气力运输所需的空气量。

④根据工艺规程规定的车间和仓库的温度及湿度。

⑤有电热装置（包括干燥设备）的场所所散发的热量、蒸发的水分以及温度等情况。

⑥有害气体的挥发量。

⑦其他同卫生有关的资料。

3.6.4 车间设备的布置

车间设备布置是工艺设计中的主要内容。在工艺过程确定、机床设备选择和车间型式与面积明确以后，车间机床设备和工作位置布置得合理与否，将会影响到最佳工艺过程路线的实现和生产能力的发挥。

（1）设备布置的方法

①按类布置：这种方法是把同类机床按加工顺序来布置，适用于工艺过程较简单、工序少、工件沿工艺流水线方向移动距离短，同时生产量大，需要布置几条平行作业线的情况。此时，家具制品中的零件，不论在哪条流水线上都能完成加工过程，同时便于管理同类机床。但当工序和零件数量过多、家具制品结构复杂并经常改变时，零件在加工过程中就可能产生倒流现象。

②按加工顺序布置：采用这种方法时，应按照各种零件加工工艺的相似性，兼顾某些零件加工的实际需要来布置加工设备。同类设备可以分布在作业线的不同位置上，使工件在加工过程中按规定的工艺顺序移动，不允许有倒流和环行现象。各工序可以非同步进

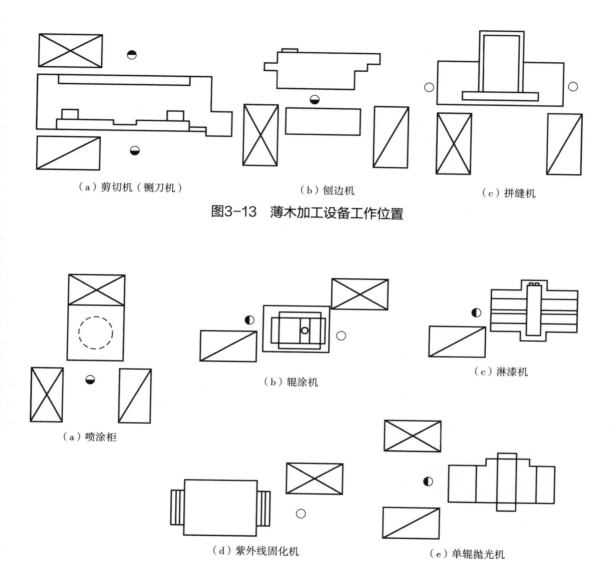

（a）剪切机（铡刀机）　　　　　（b）刨边机　　　　　（c）拼缝机

图3-13　薄木加工设备工作位置

（a）喷涂柜

（b）辊涂机

（c）淋漆机

（d）紫外线固化机

（e）单辊抛光机

（f）多辊抛光机

（g）水砂机

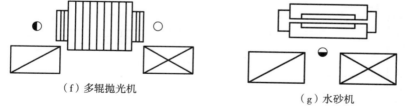

图3-14　涂饰设备工作位置

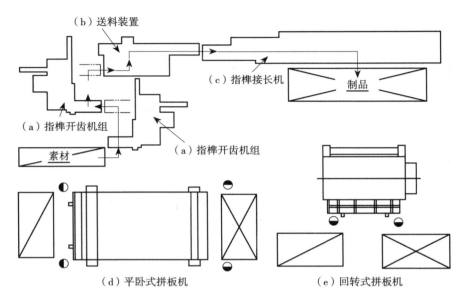

图3-15 指接及拼板设备工作位置

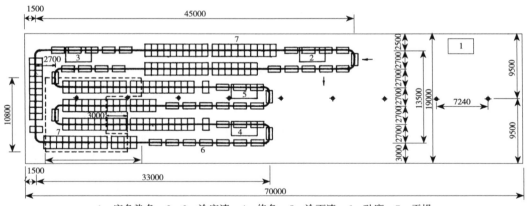

1—底色染色；2，3—涂底漆；4—修色；5—涂面漆；6—砂磨；7—干燥。

（a）平面涂饰线

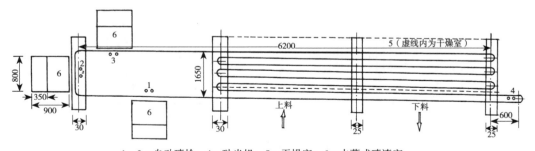

1～3—自动喷枪；4—砂光机；5—干燥室；6—水幕式喷漆室。

（b）车木件涂饰线

图3-16 实木椅子涂饰生产线

③机床与墙壁（或中柱）之间的距离：

a. 机床与墙壁（或中柱）平行时，工人面对墙（或中柱）站，机床的突出部分与墙柱之间的距离为0.5～0.8m，如图3-17所示；工人背对墙（或中柱）站，距离为0.8～1.0m，如图3-18所示。

b. 机床与墙壁（或中柱）垂直时，其间的距离应不小于在此机床上加工的最长零件的长度再加上0.5～0.8m，如图3-19所示；机床旁的材料堆需在机床与墙壁（或中柱）之间运输时，其距离应大于运输小车长度再加上0.5～0.6m，如图3-20所示。

④机床与机床之间的距离：根据各机床的工作位置组织及必要的间距而定，一般为零部件长度的2.5～3倍。

⑤通道的配置：

a. 沿车间长度，应设置一条纵向通道，即主通道，其宽度：单向运输时为2m以上，双向运输时为3m以上。通道上如有单列操作工人时再加0.5m，如有双列操作工人时再加1m。

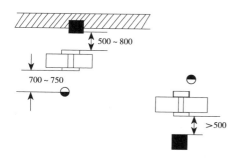

图3-17 工人面对墙（或柱）时机床的位置　　图3-18 工人背对墙（或柱）时机床的位置

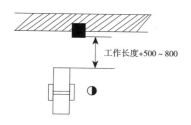

图3-19 机床垂直墙（或柱）时的位置

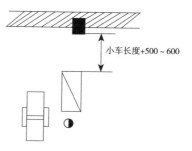

图3-20 机床与墙（或柱）间有材料堆时的位置

b．在车间长度上，每隔50m应设一条宽为2m以上的横向通道。

⑥中间（缓冲）仓库的配置：

a．工序与工序之间，由于工艺要求需要陈放，就需要设置中间仓库。

b．工段与工段之间，为保证加工不间断，需要一定的储备，就应设置缓冲仓库。

c．通道和仓库要设在光线充足区域，面积约占车间的40%。通道上不许堆放材料或工件。

⑦机床在车间内的排列：

a．车间宽度为9~12m时可排2列机床。

b．车间宽度为15~18m时可排3~4列机床。

c．机床可以顺车间排列，也可以成一定角度排列。

3.6.5　车间平面布置图的绘制

车间规划和设备布置是工艺设计的主要集中体现，以前各节中的各项计算、分析、论证的结果，经过调整、平衡或优选后，最后确定的方案和各种数据，都将在车间平面布置图中付诸实现。

车间平面布置图绘制的步骤如下：

①根据设计任务书和具体生产条件要求以及工艺过程路线和设备及中间仓库的布置方案，按照国家规定的建筑标准规范（跨度、开间和层高等），首先确定建筑物的型式、跨度、开间，再按跨度和计算出的车间面积概算出车间长度，并将开间（柱距）调整为整数开间数，从而得到实际车间长度。

②依据车间设计的建筑型式、跨度和开间数，按一定比例（常为1：50或1：100）画出车间平面图（即墙壁、门窗、柱等），并标出跨度、柱距、柱子编号、门窗尺寸和车间总尺寸。

③规划出车间内机床的列数与通道。

④规划出生活间及其他辅助用房的大致位置。

⑤根据机床设备明细表，将各种机床设备和工作位置，按相应的符号形式和相同的尺寸比例画在车间平面图上。同时，标出工作位置的组织，即机床旁的工人、工具、已加工和未加工材料堆的配置以及中间仓库的位置和名称。

⑥标注各类机床设备布置和安装时一切必要的位置尺寸等，并应进行机床设备编号和编出说明明细表。

课后练习与思考题

1. 如何确定计划产量并进行原材料的计算？
2. 车间及工段如何合理划分？
3. 工艺卡片编制时零件草图上需要如何进行标注？
4. 工艺路线图的编制需要满足什么原则？
5. 如何平衡设备负荷？
6. 车间规划和设备布置需要考虑哪些因素？

第 4 章 ▶▶▶

——

典型实木家具生产
工艺设计

学习目标

　　了解实木餐椅及实木桌两种典型实木家具的生产工艺设计；掌握典型实木家具生产工艺设计编制的内容、要求和原则；熟悉实木家具工艺设计的基本步骤。

4.1 ▶▶▶
实木餐椅生产工艺设计

4.1.1 实木餐椅方案设计

椅类家具属于人体类家具，是与人体接触最为紧密的家具种类之一。座椅的最基本功能是提供人体坐的支撑，在满足这项基本功能的前提下，设计优良的座椅更应该从功能尺寸、造型、材质等各方面满足人体的行为、生理和心理对坐的稳定性、舒适性和安全性的需求，从而提高人们工作或休息的效率。

餐椅指的是人们在用餐时使用的座椅，属于工作椅，其设计与用餐人群、用餐环境以及用餐形式等有着密切关系。在有限空间内可考虑使用折叠椅，此外还需配合室内环境设计。封闭性强的餐厅显得稳重大方，座椅宜采用木质材料，突出椅子构件的粗壮；开放式餐厅令人感到轻快活泼，造型应选用断面小、带有曲线塑料成型椅座的钢管家具，这样在使用上轻巧，外观上又能与环境协调。

本家具为一款餐椅（图4-1），除具有一般靠背椅的功能外，它最大的特点为四条腿均上粗下细，保证强度的同时又不失轻巧感。上靠背撑有一定弧度，可以提高美观性并

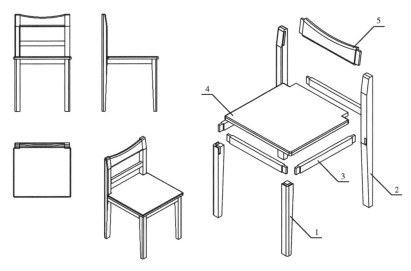

1—前腿；2—后腿；3—望板；4—椅面；5—上靠背撑。

图4-1 餐椅设计图

便于物品悬挂。各部件间主要采用暗榫接合，椅面与望板间用螺钉连接。所有边角均进行圆角处理，提升舒适性并保证安全性。所用材料采用黑胡桃木与白蜡木混搭，为全实木家具，椅面和上靠背撑采用白蜡木，其余采用黑胡桃木，深浅木材搭配富有美感，整体造型简洁朴实。设计时所有尺寸均参考人体工程学，榫头大小参照榫接合技术要求。具体尺寸为：外框尺寸800mm×460mm×450mm；坐宽460mm，坐深410mm；上靠背撑倾角为98°。

4.1.2　实木餐椅原材料计算

合理计算家具生产所需原材料能使生产实现高效益，低消耗。木家具生产中加工余量的选取标准为：厚度或宽度上取3～5mm，对于短零件取5mm，1m以上的长零件取5mm；长度上加工余量5～20mm，对于带榫头的零件取5mm，端头没有榫头的零件取10mm，用于整拼板的零件取15～20mm。

原材料计算通常采用概略计算法，首先计算出制品的净材积，然后除以各种原料的净料出材率从而计算出所需各种原材料的耗用量。生产对实木家具的原材料主要为白蜡木和黑胡桃木，椅面采用黑胡桃木集成材，餐椅框架连接部分主要为整体榫。该实木餐椅的原材料计算明细见表4-1。

产品名称：实木餐椅　　　　　　　　　　计划产量：500件

表4-1　实木餐椅原材料计算明细

编号	部件名称	零件名称	材料与树种	一件制品中的零件数	净料尺寸/mm			一件制品中的零件材积 V/m³	加工余量/mm			毛料尺寸/mm			一件制品中的毛料材积 V'/m³	按计划产量的毛料材积 V'A/m³	报废率 k/%	按计划产量并考虑报废率后的毛料材积 V''/m³	配料时的毛料出材率 N/%	原料材积 V°/m³	净料出材率 C/%
					长度	宽度	厚度		长度上	宽度上	厚度上	长度	宽度	厚度							
1	前腿	前腿	白蜡木	2	430	40	40	0.00138	10	4	4	440	44	44	0.00170	0.85	1	0.86	70	1.23	55.98

续表

编号	部件名称	零件名称	材料与树种	一件制品中的零件数	净料尺寸/mm 长度	净料尺寸/mm 宽度	净料尺寸/mm 厚度	一件制品中的零件材积 V/m³	加工余量 mm 长度上	加工余量 mm 宽度上	加工余量 mm 厚度上	毛料尺寸/mm 长度	毛料尺寸/mm 宽度	毛料尺寸/mm 厚度	一件制品中的毛料材积 V/m³	按计划产量的毛料材积 V'A/m³	报废率 k/%	按计划产量考虑报废率后的毛料材积 V"/m³	配料时的毛料出材率 N/%	原料材积 V'/m³	净料出材率 C/%
2	后腿	后腿	白蜡木	2	800	40	40	0.00256	10	4	4	810	44	44	0.00314	1.57	1	1.58	70	2.26	56.57
3	望板	望板	白蜡木	4	410	40	20	0.00131	5	4	4	415	44	24	0.00175	0.88	1	0.89	70	1.26	51.87
4	椅面	椅面	黑胡桃木	1	460	450	20	0.00414	10	4	4	470	454	24	0.00512	2.56	1	2.59	70	3.69	56.03
5	上靠背撑	上靠背撑	黑胡桃木	1	410	100	20	0.00082	5	4	4	415	104	24	0.00104	0.52	1	0.52	70	0.75	54.87

4.1.3 实木餐椅工艺卡片编制

工艺卡片是家具生产制造中的指导性文件，各部门在进行产品生产准备、产品生产组织和产品经济核算时均以制品零部件生产的工艺卡片为依据。因此，在制订产品的生产工艺过程时，首先要对该制品所有有的全部需加工零部件的加工工艺卡片进行编制。

该实木餐椅采用简化的零部件工艺卡片，其中餐椅后腿的工艺卡片见表4-2。

表4-2　实木餐椅后腿工艺卡片

加工（装配、装饰）工艺卡片

制品名称：　　__实木餐椅__
零件名称：　　__后腿__
制品中零件数量：　__2__
材料（树种、等级）：　　__白蜡木__
净料尺寸：　　__800×40×40__
毛料尺寸：　　__810×44×44__
倍数毛料尺寸：　　__810×44×44__

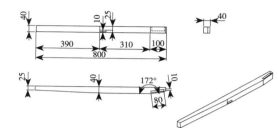

序号	工序名称	设备名称	模、夹具类型	工艺要求	生产车间	合格率	加工时间	完成时间	操作者	质检质量	质检员
1	选料	选料台			备料						
2	刨光	四面刨			备料						
3	横截	推台锯			机械加工						
4	纵截	推台锯			机械加工						
5	锯截	细木工带锯机			机械加工						
6	榫眼	榫槽机			机械加工						
7	铣型	立铣机			机械加工						
8	砂光	砂光机			机械加工						
9	检验	检验台			机械加工						
10	涂饰	工作台			涂饰						
11	检验	检验台			组装						
12	总装配	工作台			组装						
13	包装	包装台			组装						

4.1.4　实木餐椅的生产工艺流程

工艺过程是生产过程中的主要部分。采用各种机械加工设备对原材料的形状、尺寸，或者是原材料的物理性质进行改变，从而使原材料在加工之后能符合相应的技术要求，形成最终的产品。以上所涉及的所有工作的总和就是产品的工艺过程。

按照木家具类型，各类家具的生产工艺流程大致类似。框架式家具主要的工艺流程为：

实木锯材→锯材干燥→配料→毛料加工→胶拼（或弯曲）→净料加工→部件装配→部件加工与修整→装饰（涂饰）→检验→总装配→包装

图4-2为一款餐椅的结构。餐椅的后腿一般是曲线型的，曲线零部件的生产方法主要有锯制加工、方材弯曲和胶合弯曲。采用加压弯曲制造的曲线零部件应先将锯材经挑选、配料制成用于弯曲的方材毛料，进行刨光和剃除缺陷，然后进行软化处理，经软化处理后进行加压弯曲，干燥定型后重新确定基准和型面加工，再根据要求进行铣榫头或开榫眼加工。前腿、望板、拉档一般是直线型的，其生产方式也基本相同，以望板为例，其省略涂饰的生产工艺流程如下：

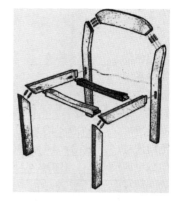

图4-2　餐椅的结构

$$制材 \rightarrow \frac{四面刨光}{四面刨床} \rightarrow \frac{截断（斜截）}{截锯} \rightarrow \frac{铣倒角}{立铣机} \rightarrow$$

$$\frac{椭圆榫眼}{榫眼机} \rightarrow \frac{圆眼}{榫眼机} \rightarrow \frac{砂光}{砂光机} \rightarrow \frac{检验}{工作台} \rightarrow 望板$$

本实木餐椅直接采用干燥锯材进行加工，各零部件生产工艺流程编制如下：

①前腿生产工艺流程：

$$干燥锯材 \rightarrow \frac{刨光}{四面刨} \rightarrow \frac{划线}{划线台} \rightarrow \frac{横截}{推台锯} \rightarrow \frac{纵截}{推台锯} \rightarrow \frac{锯截}{细木工带锯机} \rightarrow \frac{开榫槽}{榫槽机} \rightarrow$$

$$\frac{砂光}{砂光机} \rightarrow \frac{检验}{检验台} \rightarrow \frac{涂饰}{工作台} \rightarrow \frac{检验}{检验台} \rightarrow \frac{装配}{工作台} \rightarrow \frac{包装}{包装台}$$

②后腿生产工艺流程：

$$干燥锯材 \rightarrow \frac{刨光}{四面刨} \rightarrow \frac{划线}{划线台} \rightarrow \frac{横截}{推台锯} \rightarrow \frac{纵截}{推台锯} \rightarrow \frac{锯截}{细木工带锯机} \rightarrow \frac{开榫眼}{榫槽机} \rightarrow$$

$$\frac{铣型}{镂铣机} \rightarrow \frac{砂光}{砂光机} \rightarrow \frac{检验}{检验台} \rightarrow \frac{涂饰}{工作台} \rightarrow \frac{检验}{检验台} \rightarrow \frac{装配}{工作台} \rightarrow \frac{包装}{包装台}$$

③望板生产工艺流程：

$$干燥锯材 \rightarrow \frac{刨光}{四面刨} \rightarrow \frac{划线}{划线台} \rightarrow \frac{横截}{推台锯} \rightarrow \frac{纵截}{推台锯} \rightarrow \frac{锯截}{细木工带锯机} \rightarrow \frac{榫头}{开榫机} \rightarrow$$

$$\frac{砂光}{砂光机} \rightarrow \frac{检验}{检验台} \rightarrow \frac{涂饰}{工作台} \rightarrow \frac{检验}{检验台} \rightarrow \frac{装配}{工作台} \rightarrow \frac{包装}{包装台}$$

④椅面生产工艺流程：

$$干燥锯材 \rightarrow \frac{刨光}{双面刨} \rightarrow \frac{划线}{划线台} \rightarrow \frac{横截}{推台锯} \rightarrow \frac{纵截}{推台锯} \rightarrow \frac{锯截}{细木工带锯机} \rightarrow \frac{铣型}{镂铣机} \rightarrow$$

$$\frac{砂光}{砂光机} \rightarrow \frac{检验}{检验台} \rightarrow \frac{涂饰}{工作台} \rightarrow \frac{检验}{检验台} \rightarrow \frac{装配}{工作台} \rightarrow \frac{包装}{包装台}$$

⑤上靠背撑生产工艺流程：

$$干燥锯材 \rightarrow \frac{刨光}{四面刨} \rightarrow \frac{划线}{划线台} \rightarrow \frac{横截}{推台锯} \rightarrow \frac{纵截}{推台锯} \rightarrow \frac{锯截}{细木工带锯机} \rightarrow \frac{榫头}{开榫机} \rightarrow$$

$$\frac{铣型}{镂铣机} \rightarrow \frac{砂光}{砂光机} \rightarrow \frac{检验}{检验台} \rightarrow \frac{涂饰}{工作台} \rightarrow \frac{检验}{检验台} \rightarrow \frac{装配}{工作台} \rightarrow \frac{包装}{包装台}$$

工艺路线图是一件家具制品中含有的所有零部件工艺流程的汇总，通过对制品整个制造过程的梳理，显示出生产车间平面布置的最优方案，利于各种加工设备和工作位置的合理布置。本实木餐椅的工艺路线见表4-3。

表4-3　实木餐椅工艺路线

编号	零件名称	设备及工作位置 / 工序名称	选料台 / 选料	刨床 / 刨光	划线台 / 划线	推台锯 / 横纵截	细木工带锯机 / 锯截	榫槽机 / 开榫槽/榫眼	开榫机 / 榫头	镂铣机 / 铣型	砂光机 / 砂光	检验台 / 检验	工作台 / 涂饰	检验台 / 检验	工作台 / 装配
1	前腿		○	○	○	○	○		○	○	○	○	○	○	○
2	后腿		○	○	○	○	○		○	○	○	○	○	○	○
3	望板		○	○	○	○	○	○			○	○	○	○	○
4	椅面		○	○	○	○	○			○	○	○	○	○	○
5	上靠背撑		○	○	○	○	○		○	○	○	○	○	○	○

4.1.5　实木餐椅车间规划

在进行车间规划前首先要选择合适的生产设备，家具生产设备的选择要满足技术上的先进性、性能上的可靠性、生产上的可行性、使用上的便捷性、经济上的合理性。前文中

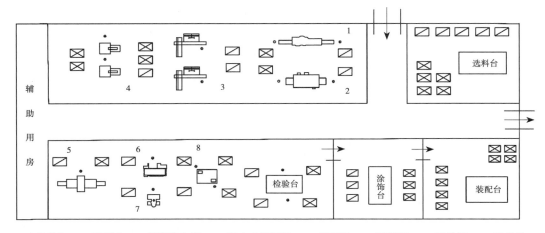

1—四面刨；2—双面刨；3—精密推台锯；4—细木工带锯机；5—榫槽机；6—开榫机；7—镂铣机；8—砂光机。

图4-3 实木餐椅生产车间平面布置

完成了产品生产的工艺卡片、工艺流程图以及生产工艺过程路线图，接下来根据对木工机械设备的常用种类及技术特性的了解和掌握完成设备选择后进行车间平面布置。车间平面布置主要包括车间规划和设备布置两部分主要内容。

本实木餐椅设计零部件加工工序相似度较高但仍存在一定差异，因此采用按照加工顺序布置的方法，生产车间平面布置如图4-3所示。

车间分为选料区、加工区、涂饰区、装配区，需要大量装卸货物的选料区与装配区均位于大门附近，可减少货物搬运路程从而节约装卸时间。加工区域主要位于车间左侧，设备合理放置，任一零部件的加工都不会倒流或是环行。涂饰单独设置在涂饰区内进行，避免对其他区域造成污染。

4.2 ▶▶▶
实木桌生产工艺设计

4.2.1 实木桌方案设计

凭倚类家具是人们工作和生活所必需的辅助性家具，为适应各种不同用途出现了餐桌、写字桌、茶几和炕桌等，另外还有为站立活动而设置的柜台、讲台等。凭倚类家具的基本功能是适应人在坐、立状态下，进行各种操作活动时，取得相应舒适而方便的辅助条件，并兼作放置或储藏物品之用，与人体动作产生直接的尺度关系。

炕桌在古代属满族家具，亦称"炕案"，一般以榆、楸、椴等硬木制成，是一种可放在炕、大榻和床上的矮桌子，基本形状和普通桌子相同，高度约20～40cm，供人们在床上吃饭或写作时使用。

本家具为一款实木炕桌（图4-4），除具有一般炕桌的功能外，其特点为：四条桌腿均为上下均匀的圆柱体，看起来稳重可靠。两条横撑采用十字形平面接点结构，连接稳固且美观。桌面水平无倾角，板边部铣出圆弧与桌腿凹槽相契合，保证美观性并提高结构稳定性。各部件间采用榫接合并用胶辅助，无任何五金连接件。所有材料均采用白蜡木，为全实木家具，造型简洁朴实，具有整体性和美观性。设计时所有尺寸均参考人体工程学，榫头大小按照榫接合技术要求，具体尺寸为：外框尺寸520mm×520mm×340mm；桌面高度340mm，桌下净空320mm。

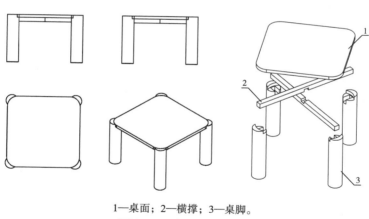

1—桌面；2—横撑；3—桌脚。

图4-4　实木炕桌设计

4.2.2　实木桌原材料计算

原材料计算指的是所用材料的耗材计算，合理计算原材料能保证提高生产效益并降低生产消耗。无论采用何种生产计划都需要计算所有材料的原料耗用量。一般采取概略计算法，也就是先计算净材积然后除以原材料出材率从而得到所需的原料耗用量。

本生产对象实木炕桌的原材料主要为白蜡木，横撑与桌腿连接采用整体榫。该实木炕桌的原材料计算明细见表4-4。

表4-4 实木炕桌原材料计算明细

产品名称：___实木炕桌___   计划产量：___500件___

编号	部件名称	零件名称	材料与树种	一件制品中的零件件数	净料尺寸/mm			一件制品中的零件材积 V/m³	加工余量/mm			毛料尺寸/mm			一件制品中的毛料材积 V'/m³	按计划产量的毛料材积 VA/m³	报废率 k/%	按计划产量并考虑报废率后的毛料材积 V"/m³	配料时的毛料出材率 N/%	原料材积 V°/m³	净料出材率 C/%
					长度	宽度	厚度		长度上	宽度上	厚度上	长度	宽度	厚度							
1	桌面	桌面	白蜡木	1	500	500	20	0.00500	10	4	4	510	504	24	0.00617	3.08	1	3.12	70	4.45	56.17
2	横撑	横撑	白蜡木	2	640	30	30	0.00115	5	4	4	645	34	34	0.00149	0.75	1	0.75	70	1.08	53.54
3	桌脚	桌脚	白蜡木	4	340	80	80	0.00870	5	4	4	345	84	84	0.00974	4.87	1	4.92	70	7.02	61.95

4.2.3 实木桌工艺卡片编制

工艺卡片作为生产中的指导性文件，以及各部门生产准备、生产组织和经济核算的依据，应在制订制品的生产工艺过程时首先编制。

该实木炕桌采用简化的零部件工艺卡片，其中桌面的工艺卡片见表4-5。

4.2.4 实木桌的生产工艺流程

产品的工艺过程指的是采用机械对原材料进行加工从而改变材料的形状尺寸乃至性质，使其加工后符合产品所需形状尺寸要求的全过程。

工艺过程制订时需要注意：

①提高材料利用率。

②提高机械化程度从而降低劳动消耗。

表4-5　实木炕桌桌面工艺卡片

加工（装配、装饰）工艺卡片

制品名称：　__实木炕桌__

零件名称：　__桌面__

制品中零件数量：　__1__

材料（树种、等级）：　__白蜡木__

净料尺寸：　__500×500×20__

毛料尺寸：　__510×504×24__

倍数毛料尺寸：　__510×504×24__

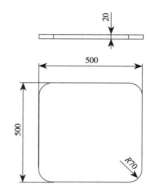

序号	工序名称	设备名称	模、夹具类型	工艺要求	生产车间	合格率	加工时间	完成时间	操作者	质检质量	质检员
1	选料	选料台			备料						
2	横截	横截锯			机械加工						
3	刨光	双面刨			机械加工						
4	纵剖	多片锯			机械加工						
5	涂胶	涂胶机			机械加工						
6	拼板	拼板机			机械加工						
7	砂光	砂光机			机械加工						
8	截断	推台锯			机械加工						
9	铣边	铣床			机械加工						
10	砂光	砂光机			机械加工						
11	检验	检验台			机械加工						
12	涂饰	工作台			涂饰						
13	检验	检验台			组装						
14	总装配	工作台			组装						
15	包装	包装台			组装						

③提高生产效率。

④在保证技术要求的前提下尽量选择低价的设备。

⑤充分考虑各个工序的机械化。

⑥提高产量降低成本。

⑦减少生产过程产生的环境污染。

实木桌主要由桌腿、桌面、望板等部件组成，其中实木桌面可采用集成材结构和实木拼板结构。

图4-5为采用集成材生产的餐桌面，首先制材经短接长、长拼宽制成集成材，然后经过铣边、钻孔制成餐桌面。其生产工艺流程为：

$$制材 \rightarrow \frac{粗刨}{四面刨床} \rightarrow \frac{截头（剃缺陷）}{圆锯} \rightarrow \frac{铣齿}{铣齿机} \rightarrow \frac{涂胶}{涂胶机} \rightarrow \frac{接长}{接长机} \rightarrow \frac{精刨}{四面刨床} \rightarrow$$

$$\frac{涂胶}{涂胶机} \rightarrow \frac{拼板}{拼板机} \rightarrow \frac{砂光}{刨砂机} \rightarrow \frac{截断}{精密推台锯} \rightarrow \frac{铣边}{圆盘靠模铣床} \rightarrow \frac{钻孔}{排钻} \rightarrow \frac{砂光}{宽带砂光机} \rightarrow$$

$$\frac{涂饰}{工作台} \rightarrow \frac{装件}{工作台} \rightarrow \frac{检验}{工作台} \rightarrow \frac{包装}{包装台} \rightarrow 餐桌面$$

图4-6为采用实木拼板生产的餐桌面，即长材拼成宽材，再铣边的生产工艺，其生产工艺流程为：

$$干燥锯材 \rightarrow \frac{选料}{工作台} \rightarrow \frac{横截}{横截锯} \rightarrow \frac{双面刨光}{双面刨} \rightarrow \frac{纵剖}{多片锯} \rightarrow \frac{涂胶}{涂胶机} \rightarrow \frac{拼板}{拼板机} \rightarrow$$

$$\frac{砂光}{刨砂机} \rightarrow \frac{截断}{精密推台锯} \rightarrow \frac{铣边}{圆盘靠模铣床} \rightarrow \frac{钻孔}{钻床} \rightarrow \frac{砂光}{宽带砂光机} \rightarrow \frac{涂饰}{工作台} \rightarrow \frac{装件}{工作台} \rightarrow$$

$$\frac{检验}{工作台} \rightarrow \frac{包装}{包装台} \rightarrow 餐桌面$$

本实木炕桌采用实木拼板结构餐桌面，各零部件生产工艺流程编制如下：

①桌面生产工艺流程：

图4-5 集成材结构餐桌面

图4-6 实木拼板结构餐桌面

干燥锯材→ $\dfrac{选料}{工作台}$ → $\dfrac{锯截}{推台锯}$ → $\dfrac{刨光}{双面刨}$ → $\dfrac{涂胶}{涂胶机}$ → $\dfrac{拼板}{拼板机}$ → $\dfrac{截断}{推台锯}$ → $\dfrac{铣型}{铣床}$ →

$\dfrac{砂光}{砂光机}$ → $\dfrac{检验}{检验台}$ → $\dfrac{涂饰}{工作台}$ → $\dfrac{检验}{检验台}$ → $\dfrac{装配}{工作台}$ → $\dfrac{包装}{包装台}$

②横撑生产工艺流程：

干燥锯材→ $\dfrac{选料}{工作台}$ → $\dfrac{锯截}{推台锯}$ → $\dfrac{纵剖}{推台锯}$ → $\dfrac{刨光}{四面刨}$ → $\dfrac{截断}{推台锯}$ → $\dfrac{铣型}{铣床}$ → $\dfrac{砂光}{砂光机}$ →

$\dfrac{检验}{检验台}$ → $\dfrac{涂饰}{工作台}$ → $\dfrac{检验}{检验台}$ → $\dfrac{装配}{工作台}$ → $\dfrac{包装}{包装台}$

③桌腿生产工艺流程：

干燥锯材→ $\dfrac{选料}{工作台}$ → $\dfrac{锯截}{推台锯}$ → $\dfrac{刨光}{四面刨}$ → $\dfrac{车木}{车床}$ → $\dfrac{开榫槽}{铣床}$ → $\dfrac{砂光}{砂光机}$ → $\dfrac{检验}{检验台}$ →

$\dfrac{涂饰}{工作台}$ → $\dfrac{检验}{检验台}$ → $\dfrac{装配}{工作台}$ → $\dfrac{包装}{包装台}$

本实木炕桌的工艺路线见表4-6。

表4-6　实木炕桌工艺路线

编号	零件名称	设备及工作位置	选料台	推台锯	刨床	涂胶机	拼板机	推台锯	车床	镂铣机	砂光机	检验台	工作台	检验台	工作台
		工序名称	选料	锯截	刨光	涂胶	拼板	锯截	车木	铣型	砂光	检验	涂饰	检验	装配
1	桌面		〇—	—〇—	—〇—	—〇—	—〇—	—〇		—〇—	—〇—	—〇—	—〇—	—〇—	—〇
2	横撑		〇—	—〇—	—〇			—〇—		—〇—	—〇—	—〇—	—〇—	—〇—	—〇
3	桌腿		〇—	—〇—	—〇				—〇—	—〇—	—〇—	—〇—	—〇—	—〇—	—〇

4.2.5　实木桌车间规划

　　木家具生产要根据企业发展、生产规模、工艺流程、设备特性等条件选择设备，需遵循技术先进、性能可靠、生产可行、使用方便、经济合理的原则。根据加工需要及对设备技术特性的了解进行设备选择。完成设备选择后进行车间平面布置，车间平面布置主要包括车间规划和设备布置两部分。

本实木炕桌中桌面的加工工艺流程与桌腿、横撑有一定相似性，因此采用按照加工顺序布置的方法，主要包括备料、机械加工、涂饰、装配四个部分，生产车间平面布置如图4-7所示。

车间分为选料区、加工区、涂饰区、装配区，选料区与装配区均位于大门附近，可减少货物搬运路程从而节约装卸时间，加工区域主要位于车间右侧，设备合理放置，任一零部件的加工都不会倒流或是环行。涂饰单独设置在涂饰区内进行，避免对其他区域造成污染。

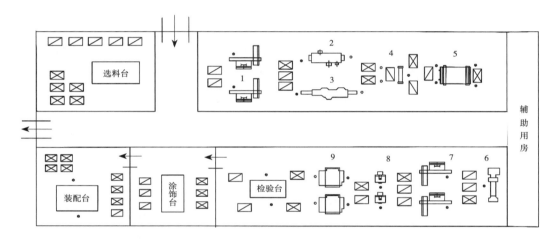

1，7—推台锯；2—双面刨；3—四面刨；4—涂胶机；5—拼板机；6—车床；8—铣床；9—砂光机。

图4-7　实木炕桌生产车间平面布置

课后练习与思考题

1. 什么是实木家具？
2. 设计实木家具时应考虑哪些方面？
3. 如何选取实木家具的原材料？
4. 实木家具的主要连接方式有哪些？
5. 设计一款实木椅或实木桌，确定其年产量并进行对应工艺设计。

第 5 章　▶▶▶

典型板式家具生产工艺设计

学习目标

　　根据示例了解板式衣柜及板式床两种典型板式家具的生产工艺设计；掌握典型板式家具生产工艺设计编制的内容、要求和原则；熟悉板式家具工艺设计的基本步骤。

5.1 ►►►
板式衣柜生产工艺设计

5.1.1 板式衣柜方案设计

板式家具是以人造板为主要原料，采用连接件和圆榫接合组成的功能各异的家具，其产品的构造特征为"（标准化）部件＋（五金件）接口"。板式家具中的零部件一般分为结构性零部件和装饰性零部件。虽然有各种连接方法，原材料的类型也比较多，但其生产工艺主要是板式零部件的加工，与传统家具生产工艺相比，工艺过程大大简化，有利于组织机械化生产。板式零部件是组成板式家具的基本单元，板式家具生产的实质是板式零部件的加工生产，尤其是在板式拆装家具中更为突出。

板式衣柜属于储存类家具中的柜类，其功能设计必须考虑人与物两方面的关系：一方面要求储存空间划分合理；另一方面又要求家具储存方式合理，储存数量充分，满足存放条件。根据人存取方便的尺度来划分，板式衣柜可分为三个区域：

①第一区域，650mm以下的区域，一般存放较重而不常用的物品。

②第二区域，高度在650～1850mm，该区域是存取物品最方便、使用频率最多的区域，也是人的视线最易看到的区域，一般存放常用物品。

③第三区域，1850mm以上区域，一般可叠放柜、架，存放较轻的过季物品。衣柜的基本尺寸如表5-1所示。

本家具为一款板式衣柜（图5-1），除具有一般板式衣柜的功能外，它最大的特点为：采用开放式设计，没有柜门，方便直接拿取物品。衣柜设置有一个置衣区以及挂衣区，造

表5-1 衣柜的基本尺寸 单位：mm

挂衣空间宽	柜内空间深		挂衣棍上沿至顶板内面距离	挂衣棍上沿至底板内面距离		衣镜上缘离地面高	顶层抽屉屉面上缘离地面高	底层抽屉屉面下缘离地面高	抽屉深度	离地净高	
	挂衣空间深	折叠衣物空间深		挂长外衣	挂短外衣					亮脚	包脚
≥530	≥530	≥450	≥580	≥1400	≥900	≤1250	≤1250	≥530	≥530	≥530	≥530

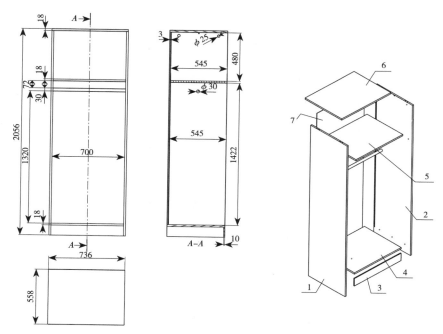

1—左旁板；2—右旁板；3—望板；4—底板；5—搁板；6—顶板；7—背板。

图5-1　板式衣柜设计图

型简洁美观。旁板、隔板、搁板、面板、顶板均采用双贴面人造板，背板采用贴面胶合板，板件间均采用金属连接件连接。所用板材采用18mm厚的刨花板和3mm厚的贴面胶合板，整体造型简洁朴实。设计时所有尺寸均参考人体工程学，金属连接件符合接合技术要求。具体尺寸为：外框尺寸2056mm×736mm×558mm；挂衣区深545mm，宽700mm，高1422mm；置衣区深545mm，宽700mm，高480mm。

5.1.2　板式衣柜原材料计算

　　板式家具生产所采用的主要原材料是通过木材综合利用而制得的各种人造板材，其木材利用率高。如按实木框式结构的家具消耗木材量为1计算，则细木工板制成的板式家具所消耗的木材量为0.6～0.7；刨花板制成的板式家具所消耗的木材量为0.4～0.6。现代板式家具的生产与加工，对人造板材的厚度规格、表面平整度、内在质量均有严格要求。

　　人造板材的厚度公差标准应控制在0.3mm，长、宽规格尺寸允许公差为0～5mm。板式家具生产企业所使用的饰面人造板凡属本单位进行二次贴面加工的，其素板零部件长度加工余量一般定为10～15mm，宽度加工余量为8～12mm。大幅面素板进锯时，应平起平落，每次开料不得超过两层。人工锯裁后的板件大小头之差应小于2mm。允许加工公差为2mm（极限偏差为±1mm）；当板件长度大于1000mm，允许加工公差为2mm（极限偏差为±1mm）；当板件长度小于1000mm时，允许加工公差为1mm（极限偏差为±0.5mm）。

本生产对象板式衣柜的原材料主要为素面刨花板，挂衣棍采用不锈钢材质。

该板式衣柜的木质零部件原材料计算明细如表5-2所示。

表5-2 板式衣柜原材料计算明细

产品名称：板式衣柜　　　　　计划产量：500件

编号	部件名称	零件名称	材料与树种	一件制品中的零件数	净料尺寸/mm			一件制品中的零件材积 V/m^3	加工余量/mm			毛料尺寸/mm			一件制品中的毛料材积 V'/m^3	按计划产量的毛料材积 $V/A/m^3$	报废率 $k/\%$	按计划产量并考虑报废率后的毛料材积 V''/m^3	配料时的毛料出材率 $N/\%$	原料材积 $V°/m^3$	净料出材率 $C/\%$
					长度	宽度	厚度		长度上	宽度上	厚度上	长度	宽度	厚度							
1	左旁板	左旁板	刨花板	1	2038	558	18	0.02047	10	8	2	2048	566	20	0.02318	11.59	1	11.71	90	13.01	78.68
2	右旁板	右旁板	刨花板	1	2038	558	18	0.02047	10	8	2	2048	566	20	0.02318	11.59	1	11.71	90	13.01	78.68
3	望板	望板	刨花板	1	700	100	18	0.00126	10	8	2	710	108	20	0.00153	0.77	1	0.77	90	0.86	73.21
4	底板	底板	刨花板	1	700	558	18	0.00703	10	8	2	710	566	20	0.00804	4.02	1	4.06	90	4.51	77.95
5	搁板	搁板	刨花板	1	700	545	18	0.00687	10	8	2	710	553	20	0.00785	3.93	1	3.97	90	4.41	77.92
6	顶板	顶板	刨花板	1	736	558	18	0.00739	10	8	2	746	566	20	0.00844	4.22	1	4.26	90	4.74	78.00
7	背板	背板	贴面胶合板	1	1920	712	3	0.00410	10	8	1	1930	720	4	0.00556	2.78	1	2.81	90	3.12	65.75

5.1.3　板式衣柜工艺卡片编制

该板式衣柜采用简化的零部件工艺卡片，其中右旁板的工艺卡片见表5-3。

表5-3　板式衣柜右旁板工艺卡片

加工（装配、装饰）工艺卡片

制品名称：　板式衣柜
零件名称：　右旁板
制品中零件数量：　1
材料（树种、等级）：　刨花板
净料尺寸：　2038×558×18
毛料尺寸：　2048×566×20
倍数毛料尺寸：　2048×566×20

序号	工序名称	设备名称	模、夹具类型	工艺要求	生产车间	合格率	加工时间	完成时间	操作者	质检质量	质检员
1	选料	选料台			备料						
2	砂光	宽带砂光机			机械加工						
3	裁板	裁板锯			机械加工						
4	涂胶	涂胶机			机械加工						
5	配坯	工作台			机械加工						
6	胶压	冷、热压机			机械加工						
7	齐边	双端铣			机械加工						
8	封边	封边机			机械加工						
9	钻孔	排钻			机械加工						
10	检验	检验台			机械加工						
11	检验	检验台			组装						
12	总装配	工作台			组装						
13	包装	包装台			组装						

5.1.4　板式衣柜的生产工艺流程

板式家具主要的工艺流程为：

板材→配料→贴面→板边切削处理→边部处理→钻孔→涂饰 →检验→总装配→包装

板式衣柜主要由板式部件组成，其主要原材料是人造板，可采用胶合板、刨花板、中密度纤维板、细木工板和双包镶板等。图5-2为采用双贴面人造板制作的家具搁板部件，该搁板部件与家具的旁板采用可拆装式结构连接，其生产工艺流程为：

人造板素板→ $\dfrac{砂光}{宽带砂光机}$ → $\dfrac{裁板}{裁板锯}$ → $\dfrac{涂胶}{涂胶机}$ → $\dfrac{配坯（单板或薄木）}{工作台}$ → $\dfrac{胶压}{冷、热压机}$ →

$\dfrac{齐边}{双端铣}$ → $\dfrac{封边}{直线封边机}$ → $\dfrac{钻孔}{排钻}$ → $\dfrac{砂光}{宽带砂光机}$ → $\dfrac{涂饰}{工作台}$ → $\dfrac{检验}{检验台}$ → $\dfrac{包装}{包装台}$ →部件

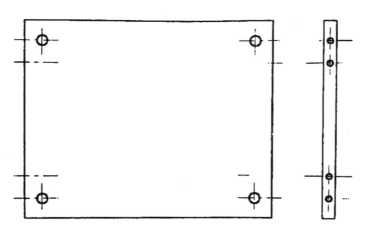

图5-2　采用双贴面人造板制作的搁板

本板式衣柜采用素面刨花板以及胶合板作为原料，各零部件生产工艺流程图编制如下：

①左、右旁板生产工艺流程：

刨花板→ $\dfrac{砂光}{宽带砂光机}$ → $\dfrac{裁板}{裁板锯}$ → $\dfrac{涂胶}{涂胶机}$ → $\dfrac{配坯（薄木）}{工作台}$ → $\dfrac{胶压}{冷、热压机}$ → $\dfrac{齐边}{双端铣}$ →

$\dfrac{封边}{直线封边机}$ → $\dfrac{钻孔}{排钻}$ → $\dfrac{检验}{检验台}$ → $\dfrac{包装}{包装台}$ →部件

②望板生产工艺流程：

刨花板→ $\dfrac{砂光}{宽带砂光机}$ → $\dfrac{裁板}{裁板锯}$ → $\dfrac{涂胶}{涂胶机}$ → $\dfrac{配坯（薄木）}{工作台}$ → $\dfrac{胶压}{热压机}$ → $\dfrac{齐边}{双端铣}$ →

$\dfrac{封边}{直线封边机}$ → $\dfrac{检验}{检验台}$ → $\dfrac{包装}{包装台}$ →部件

③底板生产工艺流程：

$$刨花板 \rightarrow \frac{砂光}{宽带砂光机} \rightarrow \frac{裁板}{裁板锯} \rightarrow \frac{涂胶}{涂胶机} \rightarrow \frac{配坯（薄木）}{工作台} \rightarrow \frac{胶压}{热压机} \rightarrow \frac{齐边}{双端铣} \rightarrow$$

$$\frac{封边}{直线封边机} \rightarrow \frac{钻孔}{排钻} \rightarrow \frac{检验}{检验台} \rightarrow \frac{包装}{包装台} \rightarrow 部件$$

④搁板生产工艺流程：

$$刨花板 \rightarrow \frac{砂光}{宽带砂光机} \rightarrow \frac{裁板}{裁板锯} \rightarrow \frac{涂胶}{涂胶机} \rightarrow \frac{配坯（薄木）}{工作台} \rightarrow \frac{胶压}{热压机} \rightarrow \frac{齐边}{双端铣} \rightarrow$$

$$\frac{封边}{直线封边机} \rightarrow \frac{钻孔}{排钻} \rightarrow \frac{检验}{检验台} \rightarrow \frac{包装}{包装台} \rightarrow 部件$$

⑤顶板生产工艺流程：

$$刨花板 \rightarrow \frac{砂光}{宽带砂光机} \rightarrow \frac{裁板}{裁板锯} \rightarrow \frac{涂胶}{涂胶机} \rightarrow \frac{配坯（薄木）}{工作台} \rightarrow \frac{胶压}{热压机} \rightarrow \frac{齐边}{双端铣} \rightarrow$$

$$\frac{封边}{直线封边机} \rightarrow \frac{钻孔}{排钻} \rightarrow \frac{检验}{检验台} \rightarrow \frac{包装}{包装台} \rightarrow 部件$$

⑥背板生产工艺流程：

$$胶合板 \rightarrow \frac{砂光}{宽带砂光机} \rightarrow \frac{裁板}{裁板锯} \rightarrow \frac{齐边}{双端铣} \rightarrow \frac{检验}{检验台} \rightarrow \frac{包装}{包装台} \rightarrow 部件$$

本板式衣柜的工艺路线见表5-4。

表5-4　板式衣柜工艺路线

编号	零件名称	设备及工作位置	选料台	砂光机	裁板锯	涂胶机	工作台	热压机	双端铣	封边机	排钻	检验台	包装台
		工序名称	选料	砂光	裁板	涂胶	配坯	胶压	齐边	封边	钻孔	检验	包装
1	左旁板		○	○	○	○	○	○	○	○	○	○	○
2	右旁板		○	○	○	○	○	○	○	○	○	○	○
3	望板		○	○	○	○	○	○	○	○	○	○	○
4	底板		○	○	○	○	○	○	○	○	○	○	○
5	搁板		○	○	○	○	○	○	○	○	○	○	○

续表

编号	零件名称	设备及工作位置	选料台	砂光机	裁板锯	涂胶机	工作台	热压机	双端铣	封边机	排钻	检验台	包装台
		工序名称	选料	砂光	裁板	涂胶	配坯	胶压	齐边	封边	钻孔	检验	包装
6	顶板		○	○	○	○	○	○	○	○	○	○	○
7	背板		○	○	○				○				○

5.1.5 板式衣柜车间规划

本设计的车间平面布置主要包括备料与机械加工，本板式衣柜零部件的加工流程相似性极高，因此采用按照加工顺序布置的方法，兼顾零部件加工的实际需要，结合零部件工艺生产流程图，合理摆放设备避免倒流或环行。该板式衣柜的生产车间平面布置如图5-3所示。

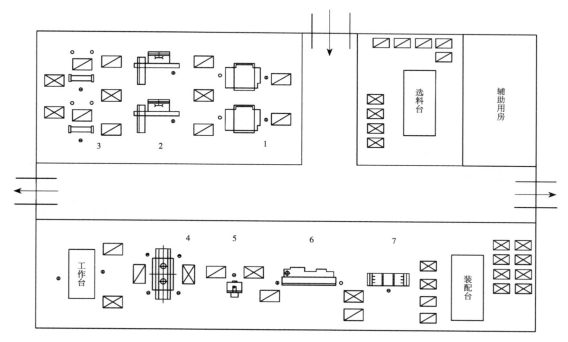

1—砂光机；2—推台锯；3—涂胶机；4—热压机；5—双端铣；6—直线封边机；7—排钻。

图5-3 板式衣柜车间平面布置

车间分为选料区、加工区、装配区，需要大量装卸货物的选料区与装配区均位于大门附近，节约货物装卸时间，加工区域主要位于车间左侧，设备合理放置，任一零部件的加工都不会倒流或是环行。

5.2 ▶▶▶
板式床生产工艺设计

5.2.1　板式床方案设计

卧具的主要功能是供人睡眠休息，使人躺在床上能舒适地入睡，以消除每天的疲劳，便于恢复工作精力和体力。人的睡眠质量与床的大小尺寸有关，但床的设计不能像其他家具那样以人体的外廓尺寸为准。一是人在睡眠时的身体活动空间大于身体本身，二是不同尺度的床与睡眠深度有直接的关系。因此在设计床的尺度时，还得考虑翻身的幅度、次数以及床垫的软硬与翻身的幅度关系等。卧具的主要尺寸包括床面长、床面宽、床面高或底层床面高、层间净高。单层床的基本尺寸如表5-5所示。

表5-5　单层床基本尺寸

床面宽/mm		床面长/mm		床面高/mm	
单人床	双人床	单屏床	双屏床	放置床垫	不放置床垫
720，800，900，1000，1100，1200	1350，1500，1800（2000）	1900，1970，2000，2100	1920，1970，2020，2120	240～280	400～440

根据材质不同，可将床分为板式床和实木床。板式床是指基本材料采用人造板，使用五金件连接而成的床，款式简洁、不变形、不开裂、价格适中、较为常见。实木床选用天然实木，采用框架结构制成，靠榫槽和胶黏剂固定，需定期保养。

本家具为一款单人板式床（图5-4），除具有一般板式床的功能外，它最大的特点为造型简洁美观。板件均采用贴面中纤板。板件间均采用金属连接件连接，后续需与床垫搭配使用。外露板材采用25mm厚的中纤板，不外露隔板及床板采用18mm的中纤板。该

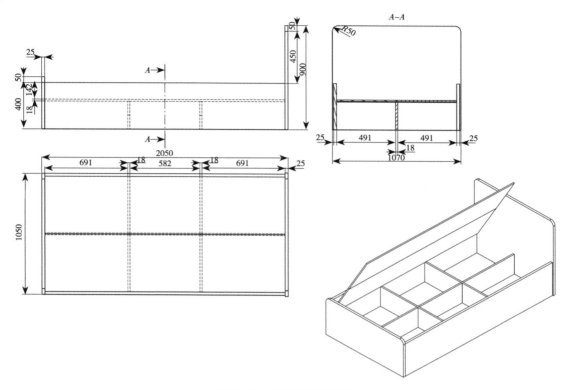

图5-4 板式床设计图

板式家具整体造型简洁朴实，设计时所有尺寸均参考人体工程学，金属连接件符合接合技术要求。具体尺寸为：外框尺寸2050mm×1070mm×900mm；床架高240mm；内空尺寸1000mm×2000mm。

5.2.2 板式床原材料计算

本生产对象板式床的原材料主要为双贴面中纤板，该板式床的木质零部件原材料计算明细如表5-6所示。

5.2.3 板式床工艺卡片编制

该板式床采用简化的零部件工艺卡片，以床屏为例，其工艺卡片见表5-7。

表5-6　板式床原材料计算明细

产品名称：　板式床　　　　　　　　　　　　　　　　　　　计划产量：　500件

编号	部件名称	零件名称	材料与树种	一件制品中的零件数	净料尺寸/mm 长度	净料尺寸/mm 宽度	净料尺寸/mm 厚度	一件制品中的零件材积 V/m^3	加工余量/mm 长度上	加工余量/mm 宽度上	加工余量/mm 厚度上	毛料尺寸/mm 长度	毛料尺寸/mm 宽度	毛料尺寸/mm 厚度	一件制品中的毛料材积 V'/m^3	按计划产量的毛料材积 V_A/m^3	报废率 $k/\%$	按计划产量并考虑报废率后的毛料材积 V''/m^3	配料时的毛料出材率 $N/\%$	原料材积 V°/m^3	净材出材率 $C/\%$
1	床尾板	床尾板	双贴面中纤板	1	1050	450	25	0.01181	10	8	2	1060	458	27	0.01311	6.55	1	6.62	90	7.36	80.30
2	侧板	侧板	双贴面中纤板	1	2000	400	25	0.02000	10	8	2	2010	408	27	0.02214	11.07	1	11.18	90	12.42	80.49
3	短隔板	短隔板	双贴面中纤板	2	1000	240	18	0.00864	10	8	2	1010	248	20	0.01002	5.01	1	5.06	90	5.62	76.84
4	长隔板	长隔板	双贴面中纤板	1	2000	240	18	0.00864	10	8	2	2010	248	20	0.00997	4.98	1	5.03	90	5.59	77.22
5	床屏	床屏	双贴面中纤板	1	1070	900	25	0.02408	10	8	2	1080	908	27	0.02648	13.24	1	13.37	90	14.86	81.02
6	床板	床板	双贴面中纤板	2	2000	500	18	0.03600	10	8	2	2010	508	20	0.04084	20.42	1	20.63	90	22.92	78.54

表5-7 板式床床屏工艺卡片

加工（装配、装饰）工艺卡片

制品名称：___板式床___
零件名称：___床屏___
制品中零件数量：___1___
材料（树种、等级）：___贴面中纤板___
净料尺寸：___1070×900×25___
毛料尺寸：___1080×908×27___
倍数毛料尺寸：___1080×908×27___

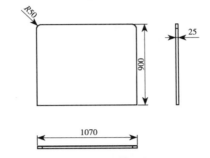

序号	工序名称	设备名称	模、夹具类型	工艺要求	生产车间	合格率	加工时间	完成时间	操作者	质检质量	质检员
1	选料	选料台			备料						
2	裁板	裁板锯			机械加工						
3	齐边	双端铣			机械加工						
4	封边	封边机			机械加工						
5	钻孔	排钻			机械加工						
6	检验	检验台			机械加工						
7	检验	检验台			组装						
8	总装配	工作台			组装						
9	包装	包装台			组装						

5.2.4 板式床的生产工艺流程

板式床主要由板式部件组成，其主要原材料是人造板，可采用胶合板、刨花板、中密度纤维板、细木工板和双包镶板等。图5-5为一板件尺寸加工→封边→钻孔生产线，其生产工艺流程为：

$$贴面中纤板\rightarrow\frac{纵截}{裁板锯}\rightarrow\frac{封边}{直线封边机}\rightarrow\frac{齐端}{齐端锯}\rightarrow\frac{砂光}{带式砂光机}\rightarrow\frac{倒棱}{倒棱机}\rightarrow\frac{横截}{裁板锯}\rightarrow$$

$$\frac{钻孔}{多轴排钻}\rightarrow\frac{检验}{检验台}\rightarrow\frac{包装}{包装台}\rightarrow部件$$

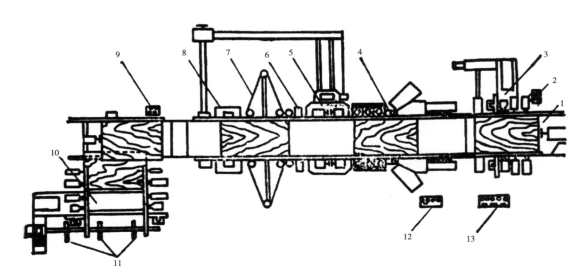

1—装板器；2，9，12，13—操纵台；3—纵向锯边机；4—封边机；
5—齐端锯；6—修边刀头；7—磨光带；8—倒棱装置；10—横向锯边机；11—多轴排钻。

图5-5　板件尺寸加工—封边—钻孔生产线

本板式床采用双贴面中纤板作为原料，各零部件生产工艺流程编制如下：

①床尾板生产工艺流程：

$$贴面中纤板 \rightarrow \frac{纵截}{裁板锯} \rightarrow \frac{封边}{直线封边机} \rightarrow \frac{齐端}{齐端锯} \rightarrow \frac{砂光}{带式砂光机} \rightarrow \frac{倒棱}{倒棱机} \rightarrow \frac{横截}{裁板锯} \rightarrow$$

$$\frac{钻孔}{多轴排钻} \rightarrow \frac{检验}{检验台} \rightarrow \frac{包装}{包装台} \rightarrow 部件$$

②侧板生产工艺流程：

$$贴面中纤板 \rightarrow \frac{纵截}{裁板锯} \rightarrow \frac{封边}{直线封边机} \rightarrow \frac{齐端}{齐端锯} \rightarrow \frac{砂光}{带式砂光机} \rightarrow \frac{倒棱}{倒棱机} \rightarrow \frac{横截}{裁板锯} \rightarrow$$

$$\frac{钻孔}{多轴排钻} \rightarrow \frac{检验}{检验台} \rightarrow \frac{包装}{包装台} \rightarrow 部件$$

③短隔板生产工艺流程：

$$贴面中纤板 \rightarrow \frac{纵截}{裁板锯} \rightarrow \frac{封边}{直线封边机} \rightarrow \frac{齐端}{齐端锯} \rightarrow \frac{砂光}{带式砂光机} \rightarrow \frac{倒棱}{倒棱机} \rightarrow \frac{横截}{裁板锯} \rightarrow$$

$$\frac{检验}{检验台} \rightarrow \frac{包装}{包装台} \rightarrow 部件$$

④长隔板生产工艺流程：

$$贴面中纤板 \rightarrow \frac{纵截}{裁板锯} \rightarrow \frac{封边}{直线封边机} \rightarrow \frac{齐端}{齐端锯} \rightarrow \frac{砂光}{带式砂光机} \rightarrow \frac{倒棱}{倒棱机} \rightarrow \frac{横截}{裁板锯} \rightarrow$$

$$\frac{检验}{检验台} \rightarrow \frac{包装}{包装台} \rightarrow 部件$$

⑤床屏生产工艺流程：

$$贴面中纤板 \rightarrow \frac{纵截}{裁板锯} \rightarrow \frac{封边}{直线封边机} \rightarrow \frac{齐端}{齐端锯} \rightarrow \frac{砂光}{带式砂光机} \rightarrow \frac{倒棱}{倒棱机} \rightarrow \frac{横截}{裁板锯} \rightarrow$$

$$\frac{钻孔}{多轴排钻} \rightarrow \frac{检验}{检验台} \rightarrow \frac{包装}{包装台} \rightarrow 部件$$

⑥床板生产工艺流程：

$$贴面中纤板 \rightarrow \frac{纵截}{裁板锯} \rightarrow \frac{封边}{直线封边机} \rightarrow \frac{齐端}{齐端锯} \rightarrow \frac{砂光}{带式砂光机} \rightarrow \frac{倒棱}{倒棱机} \rightarrow \frac{横截}{裁板锯} \rightarrow$$

$$\frac{检验}{检验台} \rightarrow \frac{包装}{包装台} \rightarrow 部件$$

制品所有零件的工艺流程确定后即可进行工艺路线图编制。工艺路线图要清楚地表示该制品的整个制造过程并显示出各种加工设备和工作位置的合理顺序，要使加工设备达到尽可能高的负荷率，又要使加工路线保持直线性。本板式床的工艺路线如表5-8所示。

表5-8　板式床工艺路线

编号	零件名称	设备及工作位置	裁板锯	封边机	齐端锯	砂光机	倒棱机	裁板锯	排钻	检验台	包装台
		工序名称	纵截	封边	齐端	砂光	倒棱	横截	钻孔	检验	包装
1	床尾板		○	○	○	○	○	○	○	○	○
2	侧板		○	○	○	○	○	○	○	○	○
3	短隔板		○	○	○	○	○	○	○	○	○
4	长隔板		○	○	○	○	○	○		○	○
5	床屏		○	○	○	○	○	○	○	○	○
6	床板		○	○	○	○	○	○		○	○

5.2.5 板式床车间规划

由于本板式床中零部件的加工流程相似度极高，因此该板式床生产线采用表5-8所示的板件尺寸加工→封边→钻孔的生产线进行生产。所需设备根据生产需求进行定制，以保证流水线正常运行。车间平面布置主要包括机械加工、装配两个部分。

该板式衣柜的生产车间平面布置如图5-6所示。车间分为加工区、装配区以及仓库，原料仓库和成品仓库均有多个门进出且靠近车间大门，便于货物搬运。加工区和装配区位于车间同一侧，加工区靠近原料仓库，装配区靠近成品仓库，便于拿取原料以及存储成品。

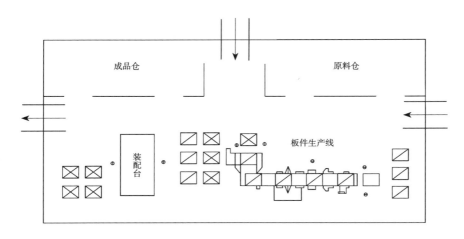

图5-6　板式床车间布置

> ## 课后练习与思考题
>
> 1. 板式家具与实木家具有何不同？
> 2. 板式家具有何优点？
> 3. 板式家具进行孔位设计时应遵循什么原则？
> 4. 设计一款板式衣柜或板式床，确定其年产量并进行对应工艺设计。

第 6 章 ▶▶▶

典型定制家具制造工艺设计

学习目标

　　了解定制家具的产品开发设计、制造工艺设计及相关定制家具企业的车间布置；掌握定制家具生产工艺设计的内容、要求和原则；熟悉定制家具工艺设计的内容与步骤。

6.1 ▶▶▶
定制家具产品开发设计

6.1.1 定制家具产品开发设计体系

定制家具就是家具企业在大规模生产的基础上，将每一位消费者都视为单独的客户，根据消费者的设计要求制造的个人专属家具。此外，定制家具在满足消费者需求的同时，有时还需配合房子的户型结构，设计最合乎空间布局要求的家具。目前的定制家具主要是柜类定制家具，并且多数柜类定制家具都与环境形成刚性的连接，与环境融为一体。

定制家具产品的开发设计体系由产品开发、产品设计、数字化协同设计组成（表6-1）。其中，以系列化、通用化、组合化和模块化"四化"为代表的标准化设计方法是大规模定制家具产品设计体系的核心。

表6-1 定制家具产品开发设计体系

内容	方法
产品开发	客户需求的获取、管理与分析
	家具产品信息建模
	定制产品（族）匹配
	定制产品决策与评价
产品设计	系列化
	通用化
	组合化
	模块化
数字化协同设计	数字化设计信息系统的建立
	数字化产品建模
	数字化产品编码

（1）系列化

系列化指的是将同一品种或同一类型的产品规格按最佳数列科学地排列，以最少的品种满足最广泛的需求。系列化可合理简化产品的品种，提高零部件的通用化程度，使生产批量相对增大，以便于采用新技术、新工艺、新材料和实现专业化生产，提高劳动生产率和降低成本。

（2）通用化

通用化指的是同一类型不同规格或不同类型的产品中结构相似的零部件经过统一后可以彼此互换的一种标准化形式。通用化能够最大限度地减少产品在设计和制造过程中的重复劳动，防止不必要的多样化，简化管理，缩短设计试制周期，扩大批量生产。

（3）组合化

组合化是指重复利用标准单元或通用单元，拼合成可满足各种不同需要的、具有新功能产品的一种标准化形式，因此组合化也称为积木化。组合化需建立在系统的分解与组合的理论基础上以及统一化成果多次重复利用的基础上。组合化的内容主要是选择和设计标准单元与通用单元，也就是"组合元"。确定组合元的程序如图6-1所示。

图6-1　确定组合元的程序

（4）模块化

模块化是基于分解与组合、相似性、模数化原理，在系列化、通用化、组合化等基础上发展起来的一种标准化形式。模块化的对象是结构复杂、功能多变、类型多变的系统，如产品、工程或活动。模块化的应用有利于简化设计，实现技术与自资源的重用、发展产品品种、提高生产效率、缩短供货周期。模块化的产品具有良好的可维护性，其设计流程如图6-2所示。

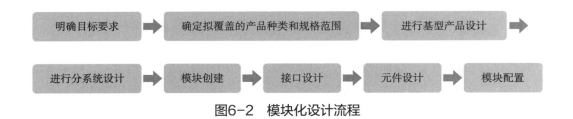

图6-2 模块化设计流程

6.1.2 柜类定制家具与"32mm系统"

目前市场上最为普及的定制家具主要有橱柜和衣柜两种,这两种产品均属于柜类定制家具,较为复杂,其复杂性主要表现在产品功能多样性、专业性以及结构的合理性上。

柜类定制家具的结构主要由零部件和五金构件组成。零部件可分为表面装饰部件和柜体零部件。表面装饰部件主要包括顶线、腰线、柜门、浅口条、脚线等。柜体板件指的则是除去门板和一些表面装饰构件的部分,主要包括底板、顶板、隔板、旁板、背板、搁板等零部件。五金构件是指用于家具上,有滑轨、铰链、调节脚、升降器、拉篮、装饰等功能的金属制件。定制家具能够快速组装、拆卸甚至变换造型,离不开巧妙的结构设计与五金连接件的配套研发。从结构的接合形式上看,目前企业主要采取两种结构形式:一是以"三合一"连接件为代表的暴露孔位和连接件的显形连接结构形式,另一种则是隐藏孔位和连接件的隐形连接结构形式。

在进行柜类定制家具设计时,需以特定的空间条件为基础,充分考虑消费者的需求,尺寸及功能设计需符合人体工程学。可通过模块化设计提高响应柔性,通过少数不变模块的搭配即可得到多种符合不同需求的组合,如图6-3所示的模块化衣柜。

此外,目前市面上大多数定制家具企业都选择"32mm系统"作为柜类定制家具的主要结构形式,以满足大规模定制高效生产的要求。

"32mm系统"是一种国家通用的模数化、标准化板式家具结构设计理念,其部件的标准化、系列化和互换性等特点很适应大规模定制家具的设计理念。"32mm系统"以柜类家具旁板为基础骨架,设计加工成排的孔用以安装柜门、抽屉和搁板等零部件,广泛运用于板式家具的生产中,因其基本模数为"32mm"而得名。

"32mm系统"的孔位分布如图6-4所示,旁板前后两侧各设有一根钻孔轴线,轴线按32mm等分,每个等分点都可以用来预钻孔位。预钻孔可分为结构孔和系统孔,系统孔用于铰链底座、抽屉滑道、搁板支承等五金件的安装,而结构孔主要用于连接水平结构板,因二者作用不同没有相互制约的关系,可根据产品造型灵活设计。

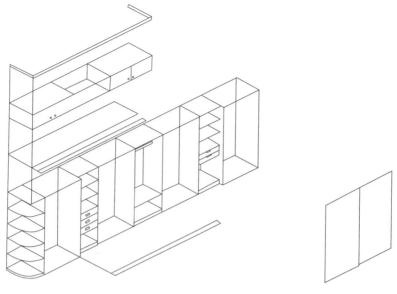

图6-3　模块化衣柜

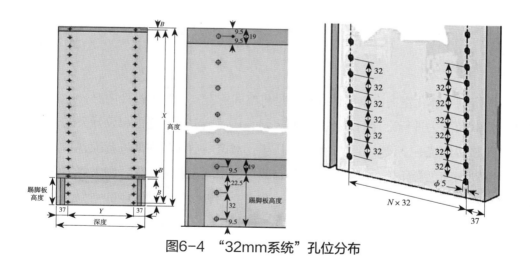

图6-4　"32mm系统"孔位分布

所有的预钻孔必须满足以下条件：

①通用系统孔的标准孔径一般为5mm，深为13mm。

②所有预钻孔都应处在间距为32mm系统的方格坐标点上。一般情况下结构孔设在水平坐标上，系统孔设在垂直坐标上。

③前排的系统孔必须与板的边缘相距37mm，而对后排的系统孔则没有限制。但为了增加互换性和便于打孔，设计时也常常把板件后排与板件边部的距离设计成37mm。

6.1.3　全屋定制家具的设计

全屋定制是集家居设计及定制、安装等服务为一体的家居定制解决方案，是家居企业在大规模生产的基础上，根据消费者的设计要求来制造的消费者专属家居。全屋定制为中国广大消费者提供个性化的家具定制服务，整体衣柜、整体书柜、酒柜、鞋柜、电视柜、步入式衣帽间、入墙衣柜、整体家具等多种称谓的产品均属于全屋定制范畴。全屋定制这一模式也成了众多家具厂商推广产品的重要手段之一。

按能否自由移动可将全屋定制家具分为嵌固式家具和自由式家具。嵌固式家具是指需要借助螺钉、五金件等配件将产品进行连接组装且固定于家居环境中的定制家具产品，如整体橱柜、整体式衣帽间、房门、护墙等；自由式家具指的则是不固定于家具环境中的定制家具产品，如椅子、桌子等。在进行全屋定制时需考虑到嵌固式家具和自由式家具的风格与功能搭配。

全屋定制加大了设计师的设计难度，在以往的单体家具设计中，设计师只需要关注单体家具的使用功能、人体工程学等内容，而全屋定制一体化将从单一的家具扩展到对整个消费者生活方式的关注，并以此展开总体设计、系统设计和产品设计。

（1）总体设计

全屋定制一体化室内家具整体设计就是将空间所有家具列为设计内容，这就需要设计者先从宏观角度去进行设计的总体分析与规划，从而确定设计定位和设计方向，以备后续的设计风格协调统一。设计者针对使用者所想，对定制空间的内部进行配置，完成动线分析、功能规划和色彩印象。例如，对家居空间进行全屋定制一体化，则需要考虑使用者的日常行动轨迹及每个沿途可能的功能需要，并对空间进行静、动区域的划分。当空间配置完成后进入系统设计环节。

（2）系统设计

系统设计是介于总体设计和产品设计之间，起承上启下作用的一个过渡设计。设计者可将某个功能区域视为一套产品，并对其进行整体与单体分析。设计者通过整体考虑空间中的全部家具及其配件，提炼出相同或相近的设计元素然后对区域家具进行功能划分与整体设计，以达到室内家具设计的整体性。目前市场上比较流行的全屋定制家具组合有书桌+书架+床组、衣柜+床组、酒柜+餐边柜+餐桌等，如图6-5所示。

图6-5　全屋定制家具组合

（3）产品设计

产品设计是落实到具体设计的关键一步，也是使用者参与度最高且设计工作量最大的一步。在产品设计中，需要将全屋定制的家具组拆分成家具单品，并对单品进行逐一造型、功能设计。因此，在此阶段设计师需要对使用者的要求进行分解，并逐一在不同类型的家具中得到解决。对于群体性的使用者，需要兼顾每个人的心理、生理需求，尽可能解决他们在日常生活中遇到的问题。例如，有儿童的家庭，在餐桌的高度设计上主要考虑成人的使用，而在座椅的设计上可以考虑专为儿童设计成长型（高度可调节）的家具。

6.2 ▶▶▶
定制家具制造工艺设计

6.2.1　定制家具的制造技术

制造技术指的是原材料成为人们所需产品而使用的一系列技术和装备的总称，是涵盖整个生产制造过程的各种技术的集成，包涵设计技术（开发、设计产品的方法）、加工制造技术（将原材料加工成所设计产品而采用的生产设备及方法）、管理技术（制造所需的物料、设备、人力、资金、能源、信息等的组织）。

经过多年的发展，家具制造技术已从最开始的劳动密集型发展为机械化与信息化相结合的形式，不同时代家具制造技术的主要特征如表6-2所示。

表6-2　不同时代家具制造技术特征

特征	时代		
	农业经济时代	工业经济时代	信息经济时代
企业模式	家庭作坊、手工场	专业化车间、工厂	柔性集成、协同制造系统
制造特征	功能集中、作业一体化	功能分解、作业分工	功能集成、作业一体化
管理模式	家族式管理、一人管理	分级管理、分部门管理	矩阵式管理、网络管理
技术装备水平	手工具、手工技艺体系	机器技术体系	机器–信息技术体系
	手工体力劳动	机械化、刚性自动化系统	集成智能化、柔性自动化系统
产品规模	少量、定制、无规格	少品种、大批量、规格化	多品种、小批量、大规模定制
输出内容	产品+服务	产品	产品+服务
市场特征	自产自给、按需定制	卖方主宰	买方主宰
	地区性、封闭性	地域性、局部开放性	全球性、一体化开放性

　　随着科学技术的不断进步，以及家具产品向着多品种、小批量方向发展，基于定制的随意性，定制家具结构发生了重大变化，加工难度不断提升，满足用户个性化家具产品需求的大规模定制商业模式诞生，与此同时能对市场需求变化做出快速响应、实现多企业组织协同、更好地满足大规模定制家具客户和生产需求的柔性制造生产模式逐渐形成，制造技术也随之由传统的机械化生产向着更为先进的方向发展。

　　先进制造技术是集机械工程技术、电子技术、自动化技术、信息技术等多种技术为一体，用于制造产品的技术、设备和系统的总称。狭义地说，其是指各种计算机辅助制造设备和计算机集成制造系统。其核心是优质、高效、低耗、清洁、灵活等基础制造技术，最终的目标是要提高对动态多变产品市场的适应能力和竞争能力。定制家具行业先进制造技术主要包涵计算机辅助产品开发与设计技术、计算机辅助制造和集成制造系统、计算机辅助管理技术。

6.2.2　定制家具的工艺规划

　　工艺规划指的是用以规划自原料开始到加工，以至于产品完成期间所经过最经济有效的加工途径，使成本最低、效率最高、质量最适当的一项计划。其基本内容包括：编织并贯彻工艺方案、工艺规程、工艺守则以及其他有关的工艺文件；设计、制造及调整工艺装备并指导使用；设计及推行技术检查方法、生产组织、工艺路线、工作地组织方案以及工作地的工位器具等；新技术、新工艺、新材料的实验、研究和推广。

传统的工艺规划均是以卡片方式实现，有的企业借助Excel实现，有的企业借助开目CAPP、天喻CAPP来实现。但这种方式难以完成定制家具的工艺规划目标，需要以一种更为信息化的方式来完成工艺规划，例如基于PLM（Product Lifecycle Management，产品生命周期管理），通过设计与工艺协同平台、统一数据平台、集成工艺资源的建立实现定制家具工艺规划方案的制定。

定制家具的生产工艺规划基于大规模定制生产需求，需满足多品种、小批量的产品生产。基于大规模生产模式下的系列化、通用化、组合化和模块化的产品设计特点，使得对应产品的工艺规划由面向单一产品和零件转向面向产品族。

这就要求零部件的制造和装配应努力实现工艺标准化、工艺规程典型化和工艺模板化等特性，用不断减少的工艺多样化满足不断增加的产品外部多样化，以适应灵活、快速的大规模定制制造环境。面向大规模定制的工艺规划体系内容如表6-3所示。

表6-3　面向大规模定制的工艺规划体系

步骤	主要内容
工艺标准化	工艺文件标准化
	工艺术语和符号标准化
	工艺要素标准化
	工艺装备标准化
工艺规程典型化	将众多的加工对象中加工要求和工艺方法相接近的加以归类，选出代表性的产品，编制工艺规程
典型工艺模块化	通过分析产品族或零部件族及其典型工艺特点对每个典型工艺进行参数化，形成典型参数化工艺

6.2.3　定制家具企业车间布置

车间布置是指对车间各基本工段、辅助工段、生产服务部门、设施、设备、仓库、通道等在空间和平面上相互位置的统筹安排。车间布置旨在最有效地利用厂房空间，一方面方便工作操作，避免生产设备的过度拥挤，另一方面注意厂房的通风和防火防爆，确保安全生产。

定制家居行业面临的特点与难点是要在应对千变万化的客户需求的同时进行批量化生产，这就要求企业背后有强大的软件系统和配套的柔性化加工设备来支撑。

虽然具有一定规模的定制家居企业一般都会配备自动化程度较高的柔性化生产设备，但是这些设备从厂内物流角度来讲，都是相互独立、互不关联的。大部分企业车间内的物流大体还是采用人工作业模式，占场地多、人力消耗大、效率低。同时，生产完成后的下一环节——仓储，占地面积巨大，叉车穿梭，入库、出库的效率瓶颈无法突破。另外，按订单或者包裹分拣的要求对于人工处理也是极大的挑战，效率和准确性都无法在现有模式下得到有效保障。

实现定制家居智能化升级，工厂物流将是行业发展的新挑战和新机遇。工厂物流的自动化提升，主要在以下几方面实现突破：

①车间内的物料输送自动化：包括传统的输送线模式及目前比较热门的AGV模式。

②车间之间的物料输送：可通过封闭的输送通道实现，防风防雨，如索菲亚嘉善工厂首创了长连廊模式仓储自动化。一般通过成熟的自动化立体仓库（AS/RS）实现。

③半成品、成品分拣：一般常见的有平面式分拣、堆垛机分拣、机器人分拣等。

索菲亚家居股份有限公司是一家主要经营定制衣柜及全屋配套定制家具研发、生产和销售的公司。索菲亚的智能制造工厂是国内定制家具企业的标杆，以索菲亚黄冈工厂为例介绍定制家具企业的车间布置（图6-6）。

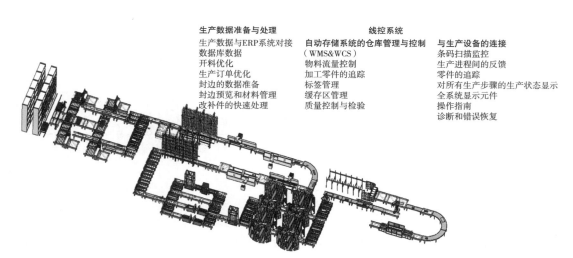

图6-6　索菲亚黄冈工厂车间规划

　　中控室是车间运作的大脑，所有的生产情况及数据都会汇集到车间。索菲亚通过将原来独立的各个生产过程，连接成一条智能协作的生产线，实现了全程不经人手、不落地的生产模式，大幅度缩短了每道工序之间的耗时。

　　原材料存放于立体仓库，充分利用垂直空间存放货物，使用AGV小车将原材料从立体仓库运送至机械加工车间。

　　原料会先送至开料工序，根据订单的需求被切割成不同形状的板件。切割完的每一块板材都会被自动分配一个二维码，后续生产环节就通过机器扫描二维码确认板材对应的生产规格等信息，中央系统也可以全程追踪它的生产进度。

　　开料工序后是封边和排钻工序，传统的手工封边操作容易损伤板材，改使用自动封边机来完成封边操作，并且每台封边机器都有一个质检的设备来检验生产的质量，只有合格的板件才会进入下一道工序。排钻的工序则是由机器直接扫描读取板件上的二维码来获取加工信息，从而将板材精准分配到相应生产线。

　　完成排钻工序的板件会先进入到立体缓存架。立体缓存架起到调节前后生产工序的作用。由于该车间将不同订单板件混合生产，在分拣工序会由六轴驱动的机械臂（图6-7）完成属于同一个订单的所有板件分拣。机械臂可连续不断工作，效率高且误差率极低。

　　在自动包装区，机器人会根据获取到的订单信息，把同一订单的板件码好，对板材进行尺寸测量，再把这些尺寸数据交给裁纸机生产出相应规格的纸箱来完成打包，减少材料的浪费。

　　最后，打包完的货物会送到全自动出货入货的智能立体库。在这个过程中，每一张订单可以分配到相应的货柜，最后送到每个消费者手中。

　　这便是索菲亚黄冈工厂的车间布置及加工流程。整个车间是集成了智能仓储、智能装备、智能质检、智能物流于一体的完整智能生产线，在生产中最大程度降低了人力的参与，让生产更加高效和准确。并且由于数据化信息化的加入，所有工序统一在中控室进行智能调控，每一道工序，每一块材料都可以做到全程追溯。同时材料利用率以及废料处理也由于智能设备的参与得到了极大改善。

图6-7　分拣工序的机械臂

6.3 ▶▶▶
定制家具售后与回收

不同于单纯提供产品的传统成品家具企业，定制家具企业为消费者提供的是产品与服务。定制家具设计师与客户进行沟通，了解客户的喜好与实际情况为其量身定做，向其提供"设计、产品、服务"一站式的整体解决方案。

定制家具的服务不仅局限于获取用户需求定制产品，售后服务也是定制家具企业服务的重要组成部分。售后服务是企业主体业务的服务延伸，是企业实现产品销售后，主动或被动为顾客提供产品功能保障和确认交付有效性的后续服务，其目的在于建立良好的客户关系、提高客户满意度、提高产品在消费者中的认可度，进而在某种程度上实现客户营销的方式。对于定制家具企业来说，目前其售后服务主要内容是送货、安装、维修及服务回访。

生产者责任延伸制度是指将生产者应承担的资源环境责任从生产环节延伸到产品设计、流通消费、回收利用、废物处理等整个生命周期的制度，主要目的在于减少产品对环境产生的不利影响。

在倡导绿色环保理念的今天，回收处理成为定制家具企业售后服务的难点。废旧家具的回收利用属于逆向物流的范畴，具有分散性、混杂性、不确定性、缓慢性等特点。家具行业开展回收利用的难点主要表现为个体之间差异性大、回收地理位置分散、回收经济效益较低。

家具产品的回收方式主要可以分为生产者回收、第三方机构回收与经销商回收。对消费者而言，寻求经销商回收的方式最为便捷。消费者在购买后，经销商应对家具产品的拆解方式、回收利用等信息进行宣传，使得经销商能够发挥终端优势，直接完成废旧家具的回收工作，并与生产者或第三方回收机构合作，将废旧家具拆解后集中输送，从而完成回收处理。

居然之家是1999年成立于北京的一家家居建材公司。2022年，居然之家经过前期大量的市场调研和深入探索，从解决消费者和产业端痛点出发，联合广大厂商利用自主研发的"洞窝"数字化产业服务平台的线上化优势，智慧物流的专业维修加工、翻新和送配装一体化能力以及遍布全国的网络和渠道优势，推出了家具"以旧换新"活动，并在"洞窝"App打造二手家具交易平台。消费者参与"以旧换新"活动的方式如下：

①顾客在参与活动品牌、选择商品、洽谈价格的同时申请参加以旧换新活动。

②顾客根据实际情况填写家具"以旧换新"申请单和回收单，内容包括旧家具上门回收具体日期、家具样式、尺寸等。

③顾客携带居然之家销售合同、"以旧换新"申请单和回收单到门店收银台交全款。

④申请单一式三份，顾客、商户和居然之家各一份；回收单一式四份，顾客、商户、居然之家和回收负责人各一份，顾客交款时一起带到收银台。

⑤回收负责人将根据上述明细报表，于指定时间至顾客家中提取旧家具，取货时携带家具"以旧换新"回收单。取货完成前，双方需在回收单签字，将消费者一联留给顾客。

⑥旧家具取走前，家具回收负责人将告知顾客领取"以旧换新"补贴时间。

⑦在领取"以旧换新"补贴的地点，携带"以旧换新"申请单、回收单及销售合同、交款凭证领取补贴。

作为家具行业日益壮大的重要组成部分，定制家具企业应基于生产者责任延伸制度，承担相应责任，完善废旧家具的回收处理工作。对废旧家具的回收处理有利于定制家具企业提升企业形象，解决消费者旧家具处理难、回收难的痛点，同时激发消费者消费升级需求。定制家具企业可通过以下方式促进家具的回收利用。

①根据定制家具的特性，针对产品族建立对应回收管理方式，构建回收管控评价体系。

②打造数字化平台，根据消费者定制信息建立针对性回收方式。

③定期宣传回收利用信息，提供拆解方式，由消费者自行拆解邮寄或由对应经销商提供上门服务，针对不同回收方式提供不同程度的补贴。

课后练习与思考题

1. 什么是定制家具？
2. 定制家具的设计与成品家具有何不同？
3. 全屋定制家具的设计需要注意什么问题？

第 7 章 ▶▶▶

课程设计作业及企业生产线规划案例

学习目标

　　了解木家具课程设计内容以及企业实际生产线规划；掌握独立进行木家具课程设计的方法；熟悉企业实际生产线规划的内容。

7.1 ▶▶▶
课程设计作业案例

7.1.1 拆装式实木餐椅

该实木餐椅主要材料为松木，连接处采用椭圆榫和五金连接件，涂饰用NC清漆。餐椅的结构设计为拆装式，使用左右拆装法，将椅子分解为以下几个零部件：由左边的后腿、前腿、望板、横枨和右边的后腿、前腿、望板、横枨分别组成的两片部件，靠背板，座面，前后望板。其中最上侧靠背部件、前后望板和左右两片部件均采用椭圆榫定位，螺钉进行接合，望板、横枨与椅腿之间采用椭圆榫接合，座面板和望板之间用一种连接角件进行连接。靠背板为弯曲零部件，从节省材料、节约成本、结构强度几方面综合考虑选用加压弯曲的方法进行加工。该简约实木餐椅的三视图如图7-1所示。

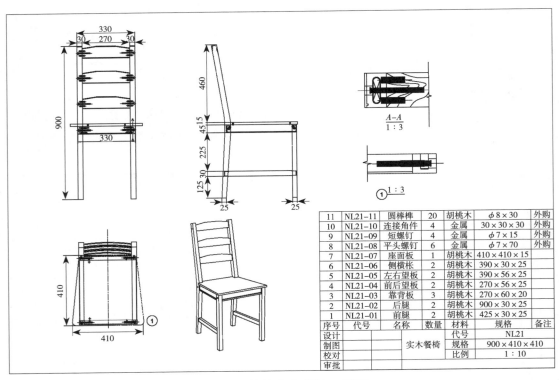

11	NL21-11	圆棒榫	20	胡桃木	$\phi 8 \times 30$	外购
10	NL21-10	连接角件	4	金属	$30 \times 30 \times 30$	外购
9	NL21-09	短螺钉	4	金属	$\phi 7 \times 15$	外购
8	NL21-08	平头螺钉	6	金属	$\phi 7 \times 70$	外购
7	NL21-07	座面板	1	胡桃木	$410 \times 410 \times 15$	
6	NL21-06	侧横枨	2	胡桃木	$390 \times 30 \times 25$	
5	NL21-05	左右望板	2	胡桃木	$390 \times 56 \times 25$	
4	NL21-04	前后望板	2	胡桃木	$270 \times 56 \times 25$	
3	NL21-03	靠背板	3	胡桃木	$270 \times 60 \times 20$	
2	NL21-02	后腿	2	胡桃木	$900 \times 30 \times 25$	
1	NL21-01	前腿	2	胡桃木	$425 \times 30 \times 25$	
序号	代号	名称	数量	材料	规格	备注
设计			代号		NL21	
制图		实木餐椅	规格		$900 \times 410 \times 410$	
校对			比例		1:10	
审批						

图7-1 简约实木餐椅三视图

设定计划年产量为10000件，根据各零部件尺寸进行原辅材料计算，得到实木原料、涂料、五金连接件需求清单如表7-1至表7-3所示。

表7-1　实木餐椅原材料清单

产品名称：　实木餐椅　　　　　　　　　　　　　　　　　计划产量：　10000件

木质材料种类与等级	树种	规格尺寸/mm			数量	
		长度	宽度	厚度	材积/m³	材积/块
实木锯材 I	松木	2440	1220	20	79.70	1339
实木锯材 II		2440	1220	25	31.24	420
实木锯材 III		2440	1220	30	140.85	1577

表7-2　实木餐椅涂料计算明细

产品名称：　实木餐椅　　　　　　　　　　　　　　　　　计划产量：　10000件

编号	零部件名称	零部件数量	涂料种类	涂饰尺寸/mm				每一面涂饰面积/m²		消耗定额/(kg/m²)	耗用量/kg	
				外表面		内表面		外面	内面		每一制品	年耗用量
				长度	宽度	长度	宽度					
1	前腿	2	NC清漆	425	30	425	30	0.02413	0.02338	0.1	0.00950	95.0
				425	25	425	25					
				30	25	—						
2	后腿	2	NC清漆	900	30	900	30	0.05025	0.04950	0.1	0.01995	199.5
				900	25	900	25					
				30	25	—						
3	左右望板	2	NC清漆	390	56	390	56	0.02184	0.03159	0.1	0.01069	106.9
				—		390	25					
4	前后望板	2	NC清漆	270	56	270	56	0.01512	0.02187	0.1	0.00740	74.0
				—		270	25					
5	侧横枨	2	NC清漆	390	35	390	35	0.02340	0.02340	0.1	0.00936	93.6
				390	25	390	25					
6	靠背板	3	NC清漆	270	60	270	60	0.02160	0.02160	0.1	0.01296	129.6
				270	20	270	20					
7	座面	1	NC清漆	410	410	—		0.18040	0.01230	0.1	0.01927	192.7
				410	15	410	15					
				410	15	410	15					

表7-3 实木餐椅五金连接件明细

产品名称：___实木餐椅___　　　　　　　　　　　　计划产量：___10000件___

编号	名称	规格/mm	耗用量/件	
			每一制品	年耗用量
1	平头螺钉	$\phi 7 \times 70$	6	60000
2	短螺钉	$\phi 7 \times 15$	4	40000
3	连接角件	$30 \times 30 \times 30$	4	40000
4	圆棒榫	$\phi 8 \times 30$	20	200000

根据各零部件工艺卡片及其工艺流程编制该简约实木餐椅对应工艺过程路线，清楚地表示该制品的整个制造过程并显示出各种加工设备和工作位置的合理顺序，工艺过程路线如表7-4所示。

表7-4 实木餐椅工艺过程路线

编号	零件名称	尺寸/mm	设备及工作位置	划线台	悬臂式万能圆锯机	精密推台锯	平刨机	四面刨	蒸煮锅	热模曲木机	干燥窑	下轴铣床	开榫机	榫槽机	数控钻床	宽带式砂光机
			工序名称	板材划线	横截	纵截	基准加工	相对面加工	软化处理	加压弯曲	干燥定型	铣型	加工榫头	加工榫眼	钻孔	砂光
1	后腿	$900 \times 30 \times 25$		○	○	○	○	○						○	○	○
2	前腿	$425 \times 30 \times 25$		○	○	○	○	○						○	○	○
3	左右望板	$390 \times 56 \times 25$		○	○	○	○	○					○		○	○
4	前后望板	$270 \times 56 \times 25$		○	○	○	○	○					○		○	○
5	侧横枨	$390 \times 30 \times 25$		○	○	○	○	○					○		○	○
6	靠背板	$270 \times 60 \times 20$		○	○	○	○	○	○	○	○				○	○
7	座面	$410 \times 410 \times 15$		○	○	○	○							○	○	○

7.1.2　实木凳子

本设计是年产量为100000件的凳子的配料车间和机械加工车间的工艺设计。该椅子所选用的木材是榆木，在造型上采取简洁实用易加工的设计理念。加工的零部件包括面板、凳子腿、望板、拉档四种。此外还使用开槽沉头木螺钉作为面板与望板之间的连接件。该产品为非拆装式家具，设计如图7-2所示。

计划产量为100000件，该实木凳子的原辅材料清单如表7-5至表7-7所示。

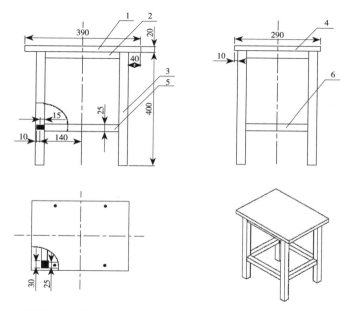

1—面板；2—长望板；3—凳子腿；4—短望板；5—长拉档；6—短拉档。

图7-2　实木凳子设计图

表7-5　实木凳子原材料清单

产品名称：　　实木凳子　　　　　　　　　　　　　　　　　　计划产量：　　100000件　

木质材料的种类与等级	树种	规格尺寸/mm			数量	
		长度	宽度	厚度	材积/m³	材积/块
整拼板		2330	2300	22	11789.80	100000
实木	榆木	1240	230	33	941.16	100000
		1180	27	27	86.02	100000
		1300	27	27	94.77	100000

表7-6 实木凳子胶料计算明细

产品名称： 实木凳子   计划产量： 100000件

零部件名称	零部件数量	胶料种类	涂胶尺寸/mm			每一制品涂胶面积/m²	消耗定额/（kg/m²）	耗用量/kg	
			长度	宽度	厚度			每一制品	年耗用量
榫头	16	PVAc	15	30	—	0.024	0.18	0.00432	432.0
			15	—	10				
			—	30	10				

表7-7 实木凳子涂料计算明细

产品名称： 实木凳子   计划产量： 100000件

编号	零件名称	零件数量	涂料种类	涂饰尺寸/mm				每一面涂饰面积/m²		消耗定额/（kg/m²）	耗用量/kg	
				外表面		内表面		外面	内面		每一制品	年耗用量
				长度	宽度	长度	宽度					
1	面板	1	PU清漆	390	290	—	—	0.12870	0.01560	0.1	0.01443	1443.0
				390	20	390	20					
				390	20	390	20					
2	长望板	2	PU清漆	250	25	250	25	0.00688	0.00625	0.1	0.00263	262.5
				25	25	—	—					
3	凳子腿	4	PU清漆	400	30	400	30	0.02400	0.02400	0.1	0.01920	1920.0
				400	30	400	30					
4	短望板	2	PU清漆	210	25	210	25	0.00588	0.00525	0.1	0.00223	222.5
				25	25	—	—					
5	长拉档	2	PU清漆	250	25	250	25	0.00688	0.00625	0.1	0.00263	262.5
				25	25	—	—					
6	短拉档	2	PU清漆	210	25	210	25	0.00588	0.00525	0.1	0.00223	222.5
				25	25	—	—					

年耗用量总计：4333.0kg

7.1.3 黑胡桃实木餐椅

本次设计是年产量10000件的实木餐椅的工艺设计，所选用的木材是黑胡桃木。加工

的零件有椅面板、椅腿、前后望板、左右望板、靠背、搭脑、前后横枨、左右横枨、前后
抹头、左右抹头。该产品为非拆装式家具，零部件大致按照纵截、横截、基准面加工、相
对面加工、榫头榫眼加工、砂光的加工流程。所用到的设备有精密推台锯、平刨机、四面
刨、榫槽机、开榫机、宽带式砂光机。其设计图如图7-3所示，原材料清单以及工艺卡片
如表7-8至表7-10所示。

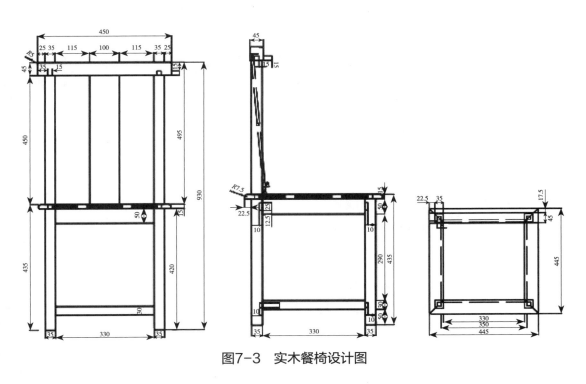

图7-3　实木餐椅设计图

表7-8　实木餐椅原材料清单

产品名称：＿＿实木餐椅＿＿　　　　　　　　　　　　计划产量：＿＿10000件＿＿

木质材料种类与等级	树种	规格尺寸/mm			数量	
		长度	宽度	厚度	材积/m³	材积/块
实木锯材 I	黑胡桃木	2440	1220	25	358.31	4815
		2440	1220	55	212.18	1296
		2440	1220	45	83.17	621

表7-9 实木餐椅搭脑工艺卡片

加工（装配、装饰）工艺卡片

制品名称：___实木餐椅___
零件名称：___搭脑___
制品中零件数量：___1___
材料（树种、等级）：___黑胡桃木___
净料尺寸：___450×45×45___
毛料尺寸：___460×50×50___
倍数毛料尺寸：___460×50×50___

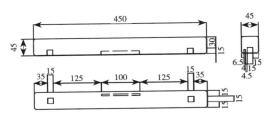

序号	工序名称	设备名称	模、夹具类型	工艺要求	生产车间	合格率	加工时间	完成时间	操作者	质检质量	质检员
1	纵截	精密推台锯	夹紧器		机械加工						
2	横截	精密推台锯	夹紧器		机械加工						
3	加工基准	平刨机	专用夹具		机械加工						
4	加工相对面	四面刨	专用夹具		机械加工						
5	加工榫眼	榫槽机	专用夹具		机械加工						
6	砂光	宽带式砂光机	专用夹具		机械加工						

表7-10 实木餐椅前腿工艺卡片

加工（装配、装饰）工艺卡片

制品名称：___实木餐椅___
零件名称：___前腿___
制品中零件数量：___2___
材料（树种、等级）：___黑胡桃木___
净料尺寸：___435×35×35___
毛料尺寸：___440×40×40___
倍数毛料尺寸：___440×40×40___

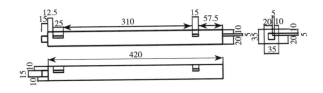

序号	工序名称	设备名称	模、夹具类型	工艺要求	生产车间	合格率	加工时间	完成时间	操作者	质检质量	质检员
1	纵截	精密推台锯	夹紧器		机械加工						
2	横截	精密推台锯	夹紧器		机械加工						
3	加工基准	平刨机	专用夹具		机械加工						
4	加工相对面	四面刨	专用夹具		机械加工						
5	加工榫头	开榫机	专用夹具		机械加工						
6	加工榫眼	榫槽机	专用夹具		机械加工						
7	砂光	宽带式砂光机	专用夹具		机械加工						

7.1.4　水曲柳课椅

本设计是年产量100000件的课椅的配料车间和机械加工车间的工艺设计，所选用的木材是水曲柳，工艺简单、快捷适合大批量生产，外观笔直，给人一种刚毅的感觉。加工的零部件有椅面、前腿、后腿、靠背、望板、三角块等。该产品为非拆装式家具，设计如图7-4所示，原辅料清单如表7-11至表7-13所示。

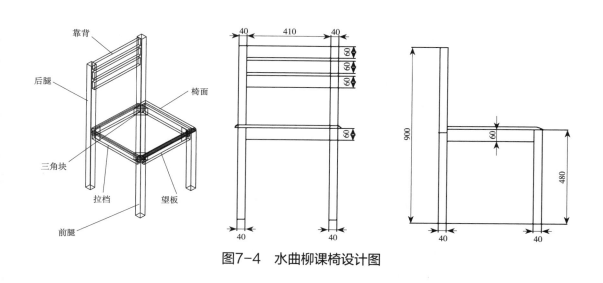

图7-4　水曲柳课椅设计图

表7-11　课椅原材料清单

产品名称：　　课椅　　　　　　　　　　　　　　　　计划产量：　100000件

木质材料种类与等级	树种	规格尺寸/mm			数量	
		长度	宽度	厚度	材积/m³	材积/块
实木锯材	水曲柳	2000	200	25	506.87	50687
		2000	200	50	261.40	13070
		2000	500	25	817.50	32700
		2200	200	50	485.40	22064

表7-12 课椅胶料计算明细

产品名称：____课椅____   计划产量：____100000件____

编号	零部件名称	零部件数量	胶料种类	涂胶尺寸/mm			每一制品涂胶面积/m²	消耗定额/（kg/m²）	耗胶量/kg	
				长度	宽度	厚度			每一制品	年耗用量
1	靠背	3	PVAc	20	40	—	0.01440	0.18	0.00259	259.2
				20	—	10				
				—	40	10				
2	望板	2	PVAc	20	40	—	0.00960	0.18	0.00173	172.8
				20	—	10				
				—	40	10				
3	拉档	2	PVAc	20	40	—	0.00960	0.18	0.00173	172.8
				20	—	10				
				—	40	10				

年耗用量合计：604.8kg

表7-13 课椅五金连接件明细

产品名称：____课椅____   计划产量：____100000件____

编号	五金件名称	五金件构成	用途	规格/mm	每一制品耗用量/个	年耗用量/个
1	木螺钉	螺钉头和螺钉杆	连接椅面与望板、拉档	$\phi 6 \times 40$	12	1200000
2	木螺钉	螺钉头和螺钉杆	连接三角块与望板、拉档	$\phi 8 \times 30$	16	1600000

制订各零部件工艺卡片，以后腿及靠背为例，工艺卡片如表7-14和表7-15所示。

表7-14 课椅后腿工艺卡片

加工（装配、装饰）工艺卡片

制品名称：____课椅____
零件名称：____后腿____
制品中零件数量：____2____
材料（树种、等级）：____水曲柳A级____
净料尺寸：____900×40×40____
毛料尺寸：____910×43×43____
倍数毛料尺寸：____910×43×43____

序号	工序名称	设备名称	模、夹具类型	工艺要求	生产车间	合格率	加工时间	完成时间	操作者	质检质量	质检员
1	横截	圆锯机	夹紧器		机械加工						
2	纵截	圆锯机	夹紧器		机械加工						
3	加工基准	平刨机	专用夹具		机械加工						
4	加工相对面	四面刨	专用夹具		机械加工						
5	铣型	下轴铣床	专用夹具		机械加工						
6	加工榫眼	榫槽机	专用夹具		机械加工						
7	砂光	宽带式砂光机	专用夹具		机械加工						

表7-15　课椅靠背工艺卡片

加工（装配、装饰）工艺卡片

制品名称：　　课椅
零件名称：　　靠背
制品中零件数量：　　3
材料（树种、等级）：　　水曲柳A级
净料尺寸：　　450×60×20
毛料尺寸：　　460×63×23
倍数毛料尺寸：　　460×63×23

序号	工序名称	设备名称	模、夹具类型	工艺要求	生产车间	合格率	加工时间	完成时间	操作者	质检质量	质检员
1	横截	圆锯机	夹紧器		机械加工						
2	纵截	圆锯机	夹紧器		机械加工						
3	加工基准	平刨	专用夹具		机械加工						
4	刨削	四面刨	专用夹具		机械加工						
5	截断	圆锯机	专用夹具		机械加工						
6	开榫头	双头开榫机	专用夹具		机械加工						
7	砂光	窄带砂光机	专用夹具		机械加工						
8	涂胶	涂胶机	专用夹具		机械加工						

7.1.5 胡桃木餐桌椅

该实木餐桌椅所选用的木材是胡桃木。一套由一张桌子与三把椅子组成，加工的零件有桌面板、桌望板、桌腿、椅座面、前椅腿、后椅腿、前望板、后望板、左望板、右望板、靠背板等。零件的连接除餐椅座面的木螺钉外均采用榫卯连接，该产品为非拆装式家具。桌椅以简练的线条比例、温润流畅的视觉设计，实现了简洁美学与实用功能的共存，可融入各种空间风格之中，成为多种空间的理想搭配。本产品运用独特的设计理念，简约简单、富有禅意。通过人体工程学设计，防止腰腿酸痛，美观又实用。同时使用开放式喷漆工艺，在保证环保的同时保留胡桃木本身的质感。该胡桃木餐椅的设计如图7-5和图7-6所示。根据零部件尺寸编制的原材料明细如表7-16所示。

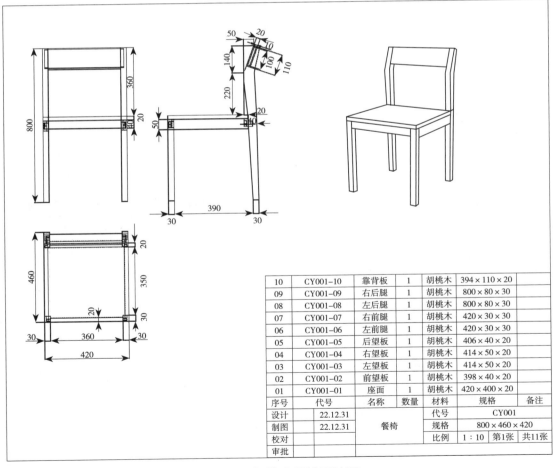

10	CY001-10	靠背板	1	胡桃木	394×110×20	
09	CY001-09	右后腿	1	胡桃木	800×80×30	
08	CY001-08	左后腿	1	胡桃木	800×80×30	
07	CY001-07	右前腿	1	胡桃木	420×30×30	
06	CY001-06	左前腿	1	胡桃木	420×30×30	
05	CY001-05	后望板	1	胡桃木	406×40×20	
04	CY001-04	右望板	1	胡桃木	414×50×20	
03	CY001-03	左望板	1	胡桃木	414×50×20	
02	CY001-02	前望板	1	胡桃木	398×40×20	
01	CY001-01	座面	1	胡桃木	420×400×20	
序号	代号	名称	数量	材料	规格	备注
设计	22.12.31			代号	CY001	
制图	22.12.31	餐椅		规格	800×460×420	
校对				比例	1：10	第1张	共11张
审批						

图7-5　胡桃木餐椅设计图

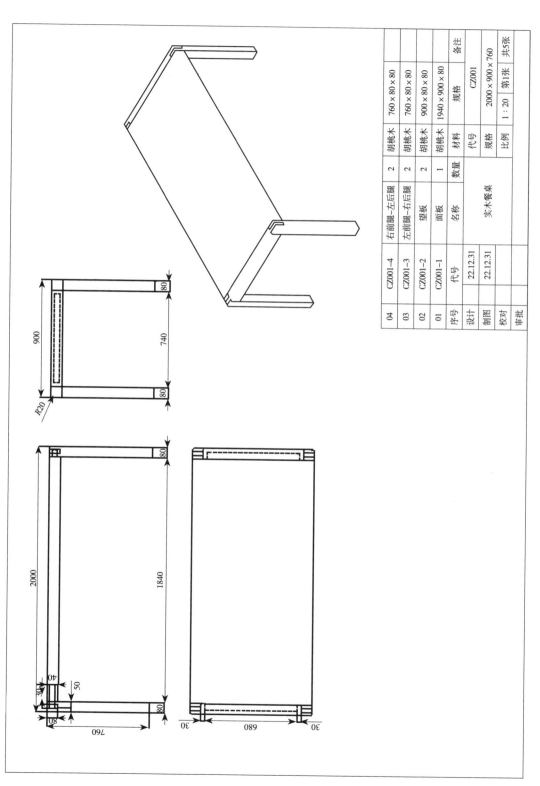

序号	代号	名称	数量	材料	规格	备注
04	CZ001-4	右前腿-左后腿	2	胡桃木	760×80×80	
03	CZ001-3	左前腿-右后腿	2	胡桃木	760×80×80	
02	CZ001-2	望板	2	胡桃木	900×80×80	
01	CZ001-1	面板	1	胡桃木	1940×900×80	
设计	22.12.31	实木餐桌		代号	CZ001	
制图	22.12.31			规格	2000×900×760	
校对				比例	1∶20	第1张　共5张
审批						

图7-6　胡桃木餐桌设计图

表7-16 胡桃木餐桌椅原材料明细

产品名称: 胡桃木餐桌椅　　　　计划产量: 10000套

编号	产品名称	零件名称	材料与树种	一件制品中的零件数	净料尺寸/mm			一件制品中的零件材积 V/m^3	加工余量/mm			毛料尺寸/mm			一件制品中的毛料材积 V/m^3	按计划产量毛料材积 $V/A/m^3$	报废率 $k/\%$	按计划产量并考虑报废率后的毛料材积 V''/m^3	配料时的毛料出材率 $N/\%$	原料材积 V'/m^3	净料出材率 $C/\%$
					长度	宽度	厚度		长度上	宽度上	厚度上	长度	宽度	厚度							
1	实木餐桌	面板	胡桃木	1	1940	900	80	0.13968	10	8	3	1950	908	83	0.14696	1469.60	4	1528.38	70	2183.40	65.87
2		望板		2	900	80	80	0.01152	10	3	3	910	83	83	0.01254	125.38	4	130.39	70	186.28	63.68
3		左前腿		1	760	80	80	0.00486	10	3	3	770	83	83	0.00530	53.05	2	54.11	70	77.29	63.55
4		右后腿		1	760	80	80	0.00486	10	3	3	770	83	83	0.00530	53.05	2	54.11	70	77.29	63.55
5		右前腿		1	760	80	80	0.00486	10	3	3	770	83	83	0.00530	53.05	2	54.11	70	77.29	63.55
6		左后腿		1	760	80	80	0.00486	10	3	3	770	83	83	0.00530	53.05	2	54.11	70	77.29	63.55
7		座面		1	420	400	20	0.00336	10	8	3	430	408	23	0.00404	121.05	4	125.90	70	179.85	56.05
8	实木餐椅	前望板		1	398	40	20	0.00032	10	3	3	408	43	23	0.00040	12.11	2	12.35	70	17.64	54.15
9		左望板		1	414	50	20	0.00041	10	3	3	424	53	23	0.00052	15.51	2	15.82	70	22.59	54.97
10		右望板		1	414	50	20	0.00041	10	3	3	424	53	23	0.00052	15.51	2	15.82	70	22.59	54.97
11		后望板		1	406	40	20	0.00032	10	3	3	416	43	23	0.00041	12.34	2	12.59	70	17.99	54.18
12		左前腿		1	420	30	30	0.00038	10	3	3	430	33	33	0.00047	14.05	4	14.61	70	20.87	54.33
13		右前腿		1	420	30	30	0.00038	10	3	3	430	33	33	0.00047	14.05	4	14.61	70	20.87	54.33
14		左后腿		1	800	80	30	0.00192	10	3	3	810	83	33	0.00222	66.56	8	71.88	70	102.69	56.09
15		右后腿		1	800	80	30	0.00192	10	3	3	810	83	33	0.00222	66.56	8	71.88	70	102.69	56.09
16		靠背板		1	394	110	20	0.00087	10	5	3	404	115	23	0.00107	32.06	2	32.70	70	46.71	55.67

根据各个零部件的材料与结构进行对应工艺卡片编制，以餐椅左前腿以及餐桌望板为例，其工艺卡片如表7-17和表7-18所示。

表7-17 胡桃木餐椅左前腿工艺卡片

加工（装配、装饰）工艺卡片

制品名称： 胡桃木餐椅
零件名称： 左前腿
制品中零件数量： 1
材料（树种、等级）： 胡桃木
净料尺寸： 420×30×30
毛料尺寸： 430×33×33
倍数毛料尺寸： 1730×135×35

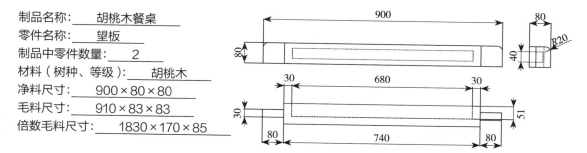

序号	工序名称	设备名称	模、夹具类型	工艺要求	生产车间	合格率	加工时间	完成时间	操作者	质检质量	质检员
1	横截	推台锯	夹紧器		机械加工						
2	纵截	带锯机	夹紧器		机械加工						
3	加工基准	平刨	专用夹具		机械加工						
4	加工相对面	四面刨	专用夹具		机械加工						
5	开榫眼	榫槽机	专用夹具		机械加工						
6	铣边型	下轴铣床	专用夹具		机械加工						
7	砂光	砂光机	专用夹具		机械加工						

表7-18 胡桃木餐桌望板工艺卡片

加工（装配、装饰）工艺卡片

制品名称： 胡桃木餐桌
零件名称： 望板
制品中零件数量： 2
材料（树种、等级）： 胡桃木
净料尺寸： 900×80×80
毛料尺寸： 910×83×83
倍数毛料尺寸： 1830×170×85

序号	工序名称	设备名称	模、夹具类型	工艺要求	生产车间	合格率	加工时间	完成时间	操作者	质检质量	质检员
1	横截	推台锯	夹紧器		机械加工						
2	纵截	带锯机	夹紧器		机械加工						
3	加工基准	平刨	专用夹具		机械加工						
4	加工相对面	四面刨	专用夹具		机械加工						
5	开榫眼	榫槽机	专用夹具		机械加工						
6	榫头加工	开榫机	专用夹具		机械加工						
7	铣边型	下轴铣床	专用夹具		机械加工						
8	砂光	宽带砂光机	专用夹具		机械加工						

餐椅与餐桌的工艺过程路线如表7-19和表7-20所示。

表7-19　餐椅工艺过程路线

编号	零件名称	尺寸/mm	设备及工作位置 工序名称	划线台 板材划线	横截锯 横截	精密推台锯 纵截	平刨机 基准加工	四面刨 相对面加工	下轴铣床 铣型	开榫机 加工榫头	榫槽机 加工榫眼	多轴钻床 钻孔	宽带式砂光机 砂光
1	座面	420 × 400 × 20		○			○	○	○				○
2	前望板	398 × 40 × 20		○	○	○	○	○	○	○	○		○
3	后望板	406 × 40 × 20		○	○	○	○	○	○	○	○		○
4	左右望板	414 × 50 × 20		○	○	○	○	○	○	○	○		○
5	前腿	420 × 30 × 30		○	○	○	○	○			○		○
6	后腿	800 × 80 × 30		○	○	○	○	○	○		○		○
7	靠背板	394 × 110 × 20		○	○	○	○	○	○		○		○

表7-20　餐桌工艺过程路线

编号	零件名称	尺寸/mm	设备及工作位置 / 工序名称: 划线台 / 板材划线	横截锯 / 横截	精密推台锯 / 纵截	拼板机 / 胶拼陈放	涂胶机 / 涂胶组坯	平刨机 / 基准加工	四面刨 / 相对面加工	下轴铣床 / 铣型	开榫机 / 加工榫头	榫槽机 / 加工榫眼	多轴钻床 / 钻孔	宽带式砂光机 / 砂光
1	面板	1940×900×80	○			○	○	○	○	○	○			○
2	望板	900×80×80	○	○	○			○	○	○	○	○		○
3	桌腿	760×80×80	○	○	○			○	○	○	○	○	○	○

7.1.6　榉木餐桌

本设计是年产量为10000件的实木餐桌的工艺设计，材料选用榉木，致密坚硬，抗冲击，蒸汽下易于弯曲，可以制作造型，抱钉性能好。同时，榉木为江南特有的木材，纹理清晰，木材质地均匀，色调柔和，流畅。加工的零件有餐桌面板、长拉档、短拉档以及桌腿。该产品为非拆装式家具，结合人体工程学对餐桌进行外形尺寸设计。该餐桌的装配如图7-7所示。

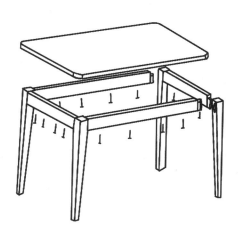

图7-7　榉木餐桌装配图

根据该餐桌的材料及外形尺寸进行原材料计算、工艺卡片编制以及工艺过程路线图制订，如表7-21至表7-23所示。

表7-21 榉木餐桌原材料清单

产品名称：___榉木餐桌___　　　　　　　　　计划产量：___10000件___

木质材料种类与等级	树种	规格尺寸/mm			数量	
		长度	宽度	厚度	材积/m³	材积/块
实木锯材 I	榉木	1240	810	30	301.32	10000
实木锯材 II		1500	140	140	588.00	20000
实木锯材 III		2120	60	140	178.08	10000
实木锯材 IV		1320	60	140	110.88	10000

表7-22 榉木餐桌短拉档工艺卡片

加工（装配、装饰）工艺卡片

制品名称：___榉木餐桌___
零件名称：___短拉档___
制品中零件数量：___2___
材料（树种、等级）：___榉木___
净料尺寸：___636×60×25___
毛料尺寸：___645×65×30___
倍数毛料尺寸：___650×100×30___

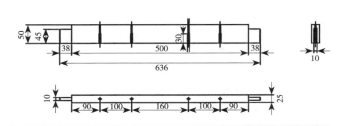

序号	工序名称	设备名称	模、夹具类型	工艺要求	生产车间	合格率	加工时间	完成时间	操作者	质检质量	质检员
1	横截	精密推台锯	夹紧器		机械加工						
2	纵截	精密推台锯	夹紧器		机械加工						
3	加工基准	平刨	专用夹具		机械加工						
4	加工相对面	四面刨	专用夹具		机械加工						
5	铣型	下轴铣床	专用夹具		机械加工						
6	开榫头	开榫机	专用夹具		机械加工						
7	钻孔	多轴钻床	专用夹具		机械加工						

表7-23　榉木餐桌工艺过程路线

编号	零件名称	尺寸/mm	设备及工作位置	划线台	横截锯	精密推台锯	平刨机	四面刨	下轴铣床	开榫机	榫槽机	多轴钻床	宽带式砂光机
			工序名称	板材划线	横截	纵截	基准加工	相对面加工	铣型	加工榫头	加工榫眼	钻孔	砂光
1	桌面	1200×800×20		○		○	○	○	○			○	○
2	短拉档	636×60×25		○		○	○	○	○	○		○	○
3	长拉档	1036×60×25		○		○	○	○	○	○		○	○
4	桌腿	730×60×60		○	○		○	○	○		○		○

7.1.7　榉木拼板餐桌

本次设计是年产量10000件的实木餐桌的配料车间和机械加工车间的工艺设计，所选用的木材是榉木，为非拆装式家具，简单大方、稳固实用。桌面采用拼板工艺，纹理和谐优美。桌面下有伸缩槽和加固横档，结构稳定，不易变形开裂。桌面的边角采用倒圆处理，视觉上更加圆润美观，并且提高了使用时的舒适性和安全性。望板采用拱形设计，既美观又有充分的容腿空间。45°外倾的桌腿与桌面形成梯形结构，利用金属连接件与望板固定，增加餐桌稳定性。另外桌板和桌腿都是加粗设计，用料厚重扎实。该榉木拼板餐桌的设计图及结构装配图如图7-8和图7-9所示。

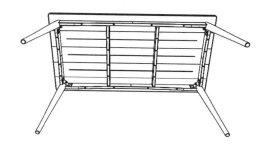

图7-8　榉木拼板餐桌设计图

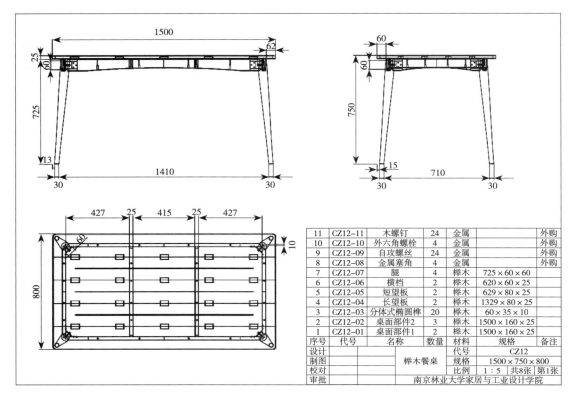

图7-9 榉木拼板餐桌结构装配图

所需木质原材料清单如表7-24所示。

表7-24 榉木拼板餐桌原材料清单

产品名称: 榉木拼板餐桌   计划产量: 10000件

木质材料种类与等级	树种	规格尺寸/mm			数量	
		长度	宽度	厚度	材积/m³	材积/块
实木锯材Ⅰ	榉木	2000	200	30	120.00	10000
		2000	300	65	390.00	10000
		2000	100	30	60.00	10000

拼板餐桌的桌面需要多块板件组成,其工艺卡片如表7-25所示。

表7-25　榉木拼板餐桌桌面部件1工艺卡片

加工（装配、装饰）工艺卡片

制品名称：　__榉木拼板餐桌__
零件名称：　__桌面部件1__
制品中零件数量：　__2__
材料（树种、等级）：　__榉木__
净料尺寸：　__1500×160×25__
毛料尺寸：　__1515×165×30__
倍数毛料尺寸：　__1515×165×60__

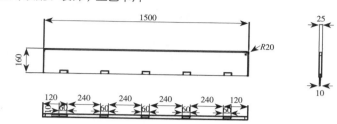

序号	工序名称	设备名称	模、夹具类型	工艺要求	生产车间	合格率	加工时间	完成时间	操作者	质检质量	质检员
1	横截	圆锯机	夹紧器		机械加工						
2	纵截	精密推台锯	夹紧器		机械加工						
3	加工基准	平刨	专用夹具		机械加工						
4	加工相对面	压刨	专用夹具		机械加工						
5	开榫眼	钻床	麻花钻、专用夹具		机械加工						
6	铣型	镂铣机	专用夹具		机械加工						
7	砂光	宽带式砂光机	专用夹具		机械加工						

根据各零部件工艺流程制订的工艺过程路线如表7-26所示。

表7-26　榉木拼板餐桌工艺过程路线

编号	零件名称	尺寸/mm	设备及工作位置 / 工序名称	划线台 / 板材划线	圆锯机 / 横截	精密推台锯 / 纵截	平刨机 / 基准加工	四面刨 / 相对面加工	开榫机 / 榫头加工	钻床 / 开孔	镂铣机 / 开榫槽	下轴铣床 / 铣型	车床 / 车削	镂铣机 / 铣型	宽带式砂光机 / 砂光
1	桌面部件1	1500×160×25		○	○		○	○		○				○	○

续表

编号	零件名称	尺寸/mm	设备及工作位置	划线台	圆锯机	精密推台锯	平刨机	四面刨	开榫机	钻床	镂铣机	下轴铣床	车床	镂铣机	宽带式砂光机
			工序名称	板材划线	横截	纵截	基准加工	相对面加工	榫头加工	开孔	开榫槽	铣型	车削	铣型	砂光
2	桌面部件2	1500 × 160 × 25		○——	○		○——	○		○——	○			○——	○
3	椭圆榫	60 × 35 × 10		○——	○		○——	○							○
4	长望板	1329 × 80 × 25		○——	○		○——	○		○				○——	○
5	短望板	629 × 80 × 25		○——	○		○——	○		○				○——	○
6	横档	620 × 60 × 25		○——	○		○——	○		○				○——	○
7	桌腿	725 × 60 × 60		○——	○		○——	○		○			○	○——	○

7.1.8　黑胡桃木悬浮桌

本产品为日式实木悬浮餐桌，整体采用北美黑胡桃木为原料制成，造型简约、自然，结构稳固。该悬浮桌结构简单，由一个厚重的大桌板和两个桌腿组成。给人干净利落，不拖泥带水的视觉质感。在材质上，选择高档木材黑胡桃木，不易开裂变形，同时热压能力强，耐用性强，抗腐能力强。不用厚重的油漆来封闭木头的气孔，而是选择可以让木头自由"呼吸"的木蜡油进行表面修饰。在工艺的处理上，稳固的桌腿结构和优良的榫卯工艺带来强有力的支撑，使得整体结构稳固不变形。

该产品的具体生产设计内容根据其年产量为10000件进行生产分析。分析其在大产量下原材料与各种辅助材料的用量，主要内容包括设计说明、产品结构图、原辅材料清单、产品工艺过程路线图。具体如图7-10及表7-27至表7-30所示。

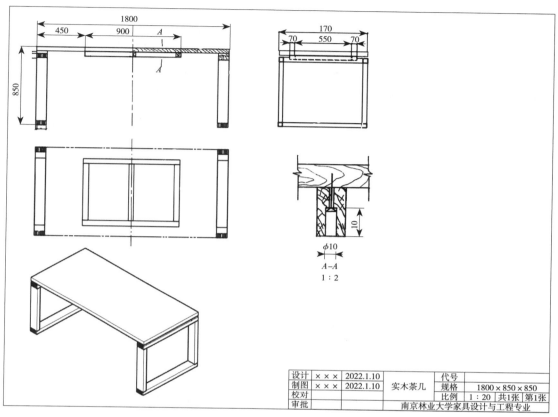

图7-10 黑胡桃木悬浮桌产品结构图

表7-27 黑胡桃木悬浮桌原材料清单

产品名称: <u>黑胡桃木悬浮桌</u> 计划产量: <u>10000件</u>

木质材料种类与等级	树种	规格尺寸/mm			数量	
		长度	宽度	厚度	材积/m³	材积/块
实木锯材FAS级	北美黑胡桃木	2440	1220	48	1559.55	10915
		2440	1220	70	186.02	893

表7-28　黑胡桃木悬浮桌涂料计算明细

产品名称：　黑胡桃木悬浮桌　　　　　　　　　　　　计划产量：　10000件

编号	零件或部件名称	零件或部件数量	涂料种类	涂饰尺寸/mm				每一制品涂饰面积/m²		消耗定额/(kg/m²)	耗用量/kg	
				外表面		内表面		外面	内面		每一制品	年耗用量
				长度	宽度	长度	宽度					
1	面板	1	木蜡油	1800	850	1800	43	1.64395	0.11395	0.1	0.17579	1757.9
				1800	43	850	43					
				850	43	—	—					
2	前后望板	2	木蜡油	900	70	900	70	0.08434	0.06454	0.1	0.02978	297.8
				900	22	70	22					
				70	22	—	—					
3	左右望板	2	木蜡油	550	70	550	70	0.05214	0.04004	0.1	0.01844	184.4
				550	22	70	22					
				70	22	—	—					
4	桌腿上部	2	木蜡油	850	100	850	65	0.14675	0.09150	0.1	0.04765	476.5
				850	65	100	65					
				100	65	—	—					
5	桌腿前后	4	木蜡油	695	100	695	100	0.10369	0.10369	0.1	0.08295	829.5
				695	43	695	43					
				100	43	100	43					
6	桌腿底部	2	木蜡油	850	100	850	65	0.14675	0.09150	0.1	0.04765	476.5
				850	65	100	65					
				100	65	—	—					

年耗用量合计：4022.5kg

表7-29　黑胡桃木悬浮桌五金件计算明细

产品名称：　黑胡桃木悬浮桌　　　　　　　　　　　　计划产量：　10000件

编号	五金件名称	五金件组成	用途	每一制品耗用量/个	年耗用量/个
1	螺栓、螺母	螺栓、螺母	连接桌腿和桌面	12	120000
2	木螺钉	螺钉头和螺钉杆	连接座面与望板	14	140000

表7-30 黑胡桃木悬浮桌工艺过程路线

编号	零件名称	尺寸/mm	设备及工作位置	划线台	横截锯	精密推台锯	多片锯	平刨机	四面刨	涂胶机	拼板机	双端铣
			工序名称	板材划线	横截	纵截	纵截	基准加工	相对面加工	涂胶	拼板	齐头
1	面板	1800×850×43		○	○	○	○	○	○	○	○	
2	前后望板	900×70×22		○	○	○		○	○			
3	左右望板	550×70×22		○	○	○		○	○			
4	桌腿上部	850×100×65		○	○	○		○	○			○
5	桌腿前后	695×100×43		○	○	○		○	○			○
6	桌腿下部	850×100×53		○	○	○		○	○			○

7.1.9 黑胡桃木餐桌

该餐桌采用黑胡桃木打造，风格简约却又显得大气。黑胡桃木具有美丽的大抛物线花纹，同时夹带墨灰色条状或带状花纹，棕色的色调给人以大气稳重的感受，而优美的花纹又给人赏心悦目的体验。黑胡桃木含水率低，具有良好的加工性能，同时不易开裂变形，抗腐蚀能力强，热压能力强，耐用性强，具备一个耐用餐桌应有的能力。餐桌由长短横枨、桌面、桌腿组合而成，整体尺寸为1955mm×950mm×810mm，较大的尺寸可以容纳更多的餐位，同时满足吃饭时所需坐高的基本需求。餐桌整体采用简单的造型设计，桌腿交叉呈"X"，是本桌最显著的外观特征，故名"X"桌。同时搭配长短横枨的固定，使餐桌具有良好的稳定性，既保留了充足的空间置腿，也有一定的欣赏空间。桌面设计成1955mm×950mm的尺寸，可以放下更多的菜盘或餐具。该黑胡桃木餐桌的产品结构图、原辅料清单及部分工艺卡片如图7-11及表7-31至表7-33所示。

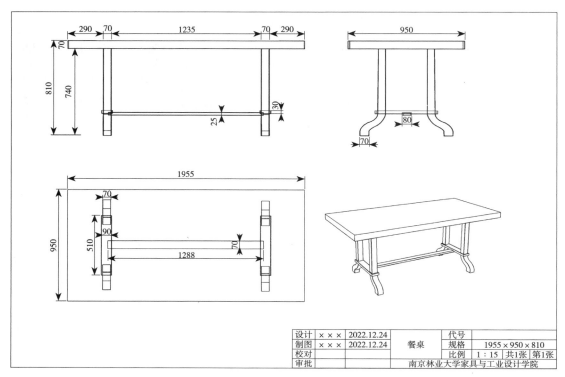

图7-11 黑胡桃木餐桌结构图

表7-31 黑胡桃木餐桌原材料清单

产品名称：____黑胡桃木餐桌____　　　　　　　　　　　　　　计划产量：____10000件____

木质材料的种类与等级	树种	规格尺寸/mm			数量	
		长度	宽度	厚度	材积/m³	材积/块
实木锯材 I	黑胡桃木	2145	1100	100	2359.50	10000
		900	88	88	69.70	40000
		595	107	44	28.01	20000
		1350	85	36	41.31	10000

表7-32 黑胡桃木餐桌辅料清单

产品名称：____黑胡桃木餐桌____　　　　　　　　　　　　　　计划产量：____10000件____

编号	材料名称	单件制品中的耗用量	材质	材料规格	耗用量
1	木螺钉	4个	金属	$\phi 4 \times 70$	40000个
2	圆棒榫	2个	山毛榉	$\phi 12 \times 50$	20000个
3	脲醛树脂胶	28g	胶	1.2g/cm³	280000g
4	酯胶清漆	200g	漆	1.15~1.25g/cm³	2000000g

表7-33　黑胡桃木餐桌长横枨工艺卡片

加工（装配、装饰）工艺卡片

制品名称：　**黑胡桃木餐桌**

零件名称：　**长横枨**

制品中零件数量：　1

材料（树种、等级）：　黑胡桃木

净料尺寸：　1288×70×25

毛料尺寸：　1308×75×30

倍数毛料尺寸：　1308×75×30

序号	工序名称	设备名称	模、夹具类型	工艺要求	生产车间	合格率	加工时间	完成时间	操作者	质检质量	质检员
1	平刨	平刨床	专用夹具		机械加工						
2	压刨	压刨床	专用夹具		机械加工						
3	加工榫槽	榫槽机	专用夹具		机械加工						
4	倒圆角	修边机	平口钳		机械加工						
5	砂光	宽带式砂光机	专用夹具		机械加工						

7.2 ▶▶▶
企业生产线规划案例

7.2.1　索菲亚4.0车间（增城工厂D线）

索菲亚增城生产基地占地面积为68000m²，厂房建筑面积达100000m²。整个工厂的投资金额高达4亿元人民币，是目前生产效率较高、生产设备较先进的橱柜生产基地之一。

2022年6月索菲亚在增城建设智能制造示范生产线（图7-12），该项目建设以"解放双手""降耗减排""创新驱动""智慧协同"作为目标，整线集成智能仓储、智能装备、智能物流设备及智能质量检测设备等于一体，实现全智能化生产。全生产线只需18名工人，每10h能够加工六千件板材，整线80%为国产设备。

图7-12 索菲亚增城工厂智能制造示范生产线

该4.0智能数字化板式家具生产车间，不仅为索菲亚提供了先进生产力，为其数字化升级赋能，而且也可以推广应用到更多家居企业，为整个家居行业的高质量发展提供坚实基础。

7.2.2 莫干山家居柔性制造示范生产线

莫干山家居柔性制造示范生产线（图7-13），总占地面积1538m²，每10h能够加工7200片板材，只需1名工人。

在数字化、智能化大趋势下，莫干山家居从2014年便开始投入大量时间、财力与物力进行信息化基础设施的开发工作，目前已经在生产制造等不同环节实现智能制造工业化和信息化融合。

早在2011年，莫干山家居便建立了智能车间，不久后第二个智能车间也投入生产，通过引入先进的德国豪迈数字化生产线，全面提升自动化和信息化生产水平。2017年，莫干山家居转型升级为工业4.0智能制造企业，"自动识别与智能分拣"系统项目正式启动，实现了柔性化的生产加工产线配置以及智能柔单生产组织模式，解决定制家居多品种小批量的生产需求。2019年，升华云峰莫干山家居升级智能车间，引入首位"机

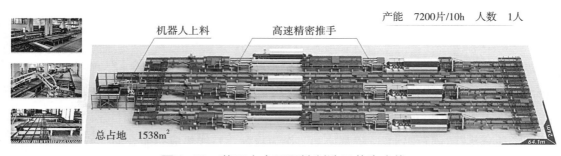

图7-13 莫干山家居柔性制造示范生产线

器人员工"，提高了企业个性化定制服务能力与制造效率。2022年，山东云峰莫干山家居年产30万套的智能化全屋定制家居项目正式开工，这是智能化、信息化的又一次升级。

7.2.3　荆门海太欧林办公家具智能工厂生产线

海太欧林集团创办于1996年，主要从事智能办公家具和医疗养老、教学科研、酒店公寓家具的研发、制造，并为客户提供办公、医养空间整体解决方案。作为办公家具行业头部企业，目前拥有华东（总部）、华南、华中三大先进的生产基地。

海太欧林华中基地以建设"绿色工厂"为目标，按照绿色建筑标准进行设计建造，打造工业4.0样板的"智能标杆工厂"（图7-14）。在生产线方面，全面引进国内外先进的智能制造设备，包括全自动数字化生产线、CNC数控加工中心、全自动智能喷涂线等，以行业领先标准，打造新型智能化办公家具制造中心，该生产线每10h能够加工7000片板件且只需2名工人；在管理方面，配备行业一流信息化、数字化管理系统，包括ERP系统，质检系统、智能物流仓储等，使智能信息化技术和制造生产深度融合。生产过程自动化、信息化、精细化三管齐下，确保有效控制产品质量的稳定性，保障产品从设计、开料、裁切、表面处理、装配、运输、安装到服务每一环节都做到最好，保证产品品质，实现个性化批量生产。

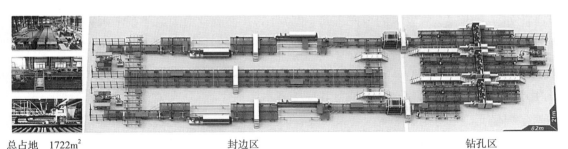

总占地　1722m²　　　　　　　　　封边区　　　　　　　　　　　钻孔区

图7-14　海太欧林智能工厂生产线

7.2.4　南康共享家具生产中心

南康，素有"木匠之乡"之称，是我国最大的实木家具制造基地。经过几十年发展，当地已由传统手工生产线转型升级为"自动选材、加工、喷漆"的智能生产线。南康区

图7-15　龙回共享智能备料中心　　　　图7-16　实木家具柔性生产车间

龙回家具集聚区拥有全国第一条通过5G+区块链技术实现数字产业化的共享家具智造生产线，该生产线的智能化率达到了95%，能够为周边60家企业提供规模化的拼板与个性化的零部件备料加工。

龙回共享智能备料中心（图7-15）是南康家具产业智联网智能制造项目的重要组成部分，由赣州市南康区城发家具产业智能制造有限责任公司投资2亿元建设，备料中心总面积为3.8万m^2，共有4个车间，涵盖了指接板、直条料和定制异型料三大工艺，可满足60家以上家具企业的日常生产用料需求，实现南康家具"个性化定制、规模化生产、智能化服务"的目标。备料中心有效依托5G应用、工业互联网、大数据、人工智能以及区块链等技术进行开发和实施，同时通过AR/VR、云MES等技术实现备料生产的实时监控和调度。

此外，南康区金源家具的生产车间（图7-16），拥有"中国第一条实木家具套系柔性智能生产线"，这个车间具有国际先进水平的高效实木家具生产系统，涵盖实木家具从备料、加工、喷涂、装配到立体智能仓储的各个环节，通过MES系统实现整厂无人化、智能化生产，完全达产后可实现年产30万套高档实木床或年产3万成套实木家具，新增销售收入3亿～4亿元。量身定制的实木套系柔性智能工厂解决方案，通过对四大套系5种风格140余种单品的9300余个零部件的共性分析，将套系家具生产工艺进行科学归类，可实现远程控制与参数管理，生产过程无人化、智能化，一键换产和共线生产，同时满足安全、环保、节能等各项要求。

整个工厂分为色选、码垛、齿接、养生、拼板、冷压等工序，通过5G工业盒子实时智联，将工厂的物流、能源流和信息流实时传送到产业智联网，实现了机械化、智能化生产，有效提升了生产效率；实现了规模化生产，有效降低了生产成本；大大提升了拼板质量，包括强度、颜色和环保绿色等问题。

整个车间采用了28个机器人及14辆无人AGV物流小车，通过5G车间物流调度系统、智能物流系统调度移动机器人和自动化立体仓库，实现分拣、搬运、存取的自动化和智能化。

共享环保涂装中心（图7-17），由江西汇明木业和安徽埃夫特、深圳有为化学通过技术创新和商业模式创新联合打造，以"5G+区块链+人工智能"技术打造家具智能喷涂生产线，立足解决异形件智能喷涂、水性漆推广和整个产业共享，给南康家具产业带来绿色环保、智能生产、平台共享三大变革。共享喷涂中心既解决了成千上万家具企业分散生产造成的环保、安全等问题，又大幅提升了家具产品的工艺和质量水平，同时也降低了家具企业设备投资成本和运营管理成本。

共享喷涂中心综合利用了源头水性漆治理、5G智能喷涂机器人和产业智联网云数据三大技术，降低了80%的综合涂装成本，保证了每平方米的涂装成本不高于油性漆，解决了环保达标和水性漆可推广的问题，通过5G网络化接单和生产，解决了周边企业喷涂共享的问题。

图7-17　AGV共享环保涂装中心

参考文献

［1］韩静，吴智慧．板式定制家具企业制造执行系统的构建与应用［J］．林业工程学报，2018，3（6）：
149-155.

［2］彭亮．对全屋整装与定制家居发展趋势的再思考［J］．家具与室内装饰，2020，251（1）：9-10.

［3］申黎明．人体工程学［M］．北京：中国林业出版社，2010.

［4］吴智慧．木家具制造工艺学［M］．3版．北京：中国林业出版社，2019.

［5］吴智慧．中国家具产业的现状与发展趋势［J］．家具，2013，34（5）：1-4+15.

［6］吴智慧．工业4.0：传统制造业转型升级的新思维与新模式［J］．家具，2015（1）：1-7.

［7］吴智慧．工业4.0时代中国家居产业的新思维与新模式［J］．木材工业，2017，31（1）：5-9.

［8］吴智慧．工业4.0时代家具产业的制造模式［J］．林产工业，2016，43（3）：6-10.

［9］杨文嘉．新工业革命对家具制造业的影响［J］．家具，2013，34（1）：5-7.

［10］叶望，朱毅．定制家具功能与结构设计研究［J］．林产工业，2018，45（3）：42-45+49.

［11］熊先青，吴智慧．家居产业智能制造的现状与发展趋势［J］．林业工程学报，2018，3（6）：11-18.

［12］熊先青，牛怡婷．"中国制造2025"背景下家具设计与工程专业人才培养探讨［J］．家具，2020，41
（2）：88-93.

［13］熊先青，马清如，袁莹莹，等．面向智能制造的家具企业数字化设计与制造［J］．林业工程学报，
2020，5（4）：174-180.

［14］熊先青，吴智慧．大规模定制家具的发展现状及应用技术［J］．南京林业大学学报（自然科学版），
2013，37（4）：156-162.

［15］周济．制造业数字化智能化［J］．中国机械工程，2012，23（20）：2395-2400.

［16］周济．智能制造——"中国制造2025"的主攻方向［J］．中国机械工程，2015，26（17）：2273-
2284.

［17］熊先青，岳心怡．中国家居智能制造技术研究与应用进展［J］．林业工程学报，2022，7（2）：26-
34.

［18］熊先青，岳心怡，马莹．"木家具制造工艺学"荣誉课程设计与教学实践［J］．家具，2022，43（2）：
107-111+42.

［19］熊先青，邹媛媛，沈俣，等．"双一流"背景下线上线下混合课程建设探讨——以"木家具制造工艺学"
为例［J］．家具，2021，42（2）：88-93.

［20］吴智慧，熊先青，邹媛媛.《木家具制造工艺学》教材与课程协同共建的探索及实践［J］. 家具，
　　　2021，42（3）：96-102.

［21］李荣荣，杨博凯，任娜，等. 一流课程视域下课程教学改革路径研究与实践——以"木家具制造工艺学"
　　　为例［J］. 家具与室内装饰，2023，30（1）：133-136.

［22］邹媛媛，熊先青."新工科"背景下"木家具制造工艺学"课程思政建设探索［J］. 家具，2022，43
　　　（2）：102-106.

［23］李军，熊先青. 木质家具制造学［M］. 北京：中国轻工业出版社，2011.

［24］吴智慧. 木家具制造工艺学［M］. 2版. 北京：中国林业出版社，2012.